特殊害虫から日本を救え

竹貴久

Miyatake Takahisa

はじめに

野菜でも作ろうかと思い庭に苗を植える。するとたちまち害虫たちがやって来て、葉っぱはボロボロに食べられてしまう。いにしえより、農作物の大敵の一つは害虫だ。経済的に問題にならない程度（経済的被害許容水準と呼ばれる）まで害虫の発生を抑えるため、農家の方々は、経験と努力の末、苗をネットで覆い、農薬や天敵を使うなど、いろいろな手法を組み合わせてきた。作物はこうして出荷され、流通に乗り、消費される。これが伝統的な害虫の管理法だ。

「生命に国境はない」

一方、被害を抑えるのとはまったく異なる害虫駆除の発想がある。害虫をゼロにしてしまう「根絶」という方法だ。広いエリアで虫がゼロである証明は論理的に不可能だが、ゼロと言い切ってよい科学的な根拠を与えることは可能である。根絶などと書くと「ある生

物を根絶やしにする権利など人間にあるのか」と言われそうだが、わが国で根絶を目指している害虫は、

「すべて日本に侵入してきた侵略的外来生物である」

ここはポイントだ。外来種を駆逐して、もとの状態に戻すのが日本の根絶事業である。侵略するという意図は彼らにはない。彼らが外来種と呼ばれるのは人間が国境を作ったためだ。しかし、外来種の脅威は農業だけではない。環境や衛生や暮らしにまでその脅威は迫っている。南米原産のヒアリやオーストラリア原産のセアカゴケグモなど、侵略的外来種のニュースが次々と飛び込んでくる現代だ。新型コロナウイルスにしても同じで、外国からやって来て、またたく間に国内に蔓延（まんえん）した。日本だけではなく、他国でも外来種は問題となっている。日本の生物もまたアメリカなどの海外に侵入して分布を広げ、蔓延して問題になっている。例えば蔓（つる）性の植物であるクズや、アリの一種オオハリアリなどだ。こうした予測不能な未来の外来種対策に、わが国における侵入農業害虫の根絶記録は参考になるに違いない。

特殊害虫根絶でトップを走る日本

巷では「夏はニガウリのチャンプルーが食べたくなる」、「マンゴーのパフェはほんと映えるー」などと言われる。しかし、亜熱帯の南西諸島で育った食卓を彩る野菜や果物を、30年ほど前は九州以北で食べることはできなかった。なぜなら当時、南西諸島にはウリ類や熱帯果樹の実をむさぼり食う大害虫のミカンコミバエ（*Bactrocera dorsalis*）やウリミバエ（*Zeugodacus cucurbitae*）が蔓延し、植物防疫法でミバエ類の寄主（宿主）であるウリ類、ナス類、熱帯果実を、南西諸島から九州以北に移動することが許されていなかったためだ。

外国から侵入して島々に定着し、作物を食い荒らし甚大な被害をもたらすこれらの虫は、「特殊害虫」と呼ばれている（同様に被害をもたらす病気とあわせて「特殊病害虫」と一般的には呼んでいる）。かつて南西諸島に蔓延したミバエ類、今も蔓延し続けるサツマイモを食い荒らすゾウムシ類がそれにあたる。繰り返すが、特殊害虫そのものや、その寄主とされた植物の発生地からの移動は、法律によって規制され、その蔓延を防いでいる。特殊害虫の侵入を新たに許した土地では、その寄主となるミカン類、ウリ類、ナス類、サツマイモ、グアバやマンゴーなどの熱帯果樹を、農家は涙をのんで廃棄しなくてはならない。その上、対象となる農作物の栽培も禁止される。

それだけではない。もし特殊害虫が日本に蔓延し、その発生国となれば、日本産の作物は輸出できないために農家は打撃を受ける。のみならず、当該農作物の外国からの輸入が増えることで、農家はさらに苦境に立たされることになってしまう。

日本は、実は特殊害虫の根絶実績で世界のトップを走っている。１９８６年にミカンコミバエ、93年にウリミバエと2種類の特殊害虫の根絶に成功した。同じく日本に侵入したサツマイモの大害虫、アリモドキゾウムシ（*Cylas formicarius*）は一部地域からの根絶に成功した。本書で紹介するように、多くの先人たちの戦いのおかげで、僕たちは今、南の島で育ったニガウリやマンゴーを、何の問題もなく食べられるようになった。それは１９９０年代とつい最近のことだ。

今もこれらの害虫が発生している地域では、国からの補助を受け根絶事業が行われている。１９６８年からはじまった根絶作戦は、現場で働く方々の想像を絶する努力によって、２０１０年頃まで連勝に次ぐ連勝に沸いた。しかし、その後、敵となる外来種の数は増え、勝利への道は険しくなる。そして２０１５年以降、敵はすでに駆逐したはずの地域に次々と再上陸しはじめた。これには紛れもなく気候変動、グローバル化、インバウンド、ネット社会による物流の増大など、現代の日本が抱える諸問題が深く関わっている。今、根絶作戦は、戦略の大幅な転換を迫られているのだ。

根絶とは何か？

本書では、日本が世界ではじめて大規模エリアでの害虫の駆逐に成功した根絶の歴史を語る。これは世界に向けて日本が誇る輝かしい奇跡の物語である。さらにその裏で関係者が仕事人生をかけて繰り広げた、行政と研究と現場の記録でもある。

根絶するとはどういうことか。特殊害虫を根絶させた方法は三つある。「オス除去法」、「不妊化法（不妊虫放飼法）」、そして「寄主除去法」だ。

第1章ではオス除去法について語る。オスだけを強力に誘引する物質を使って、ミカンコミバエを根絶した戦記である。第2章では不妊化法について語る。南の島では放射線を照射され不妊化された1億匹以上のハエが、毎週、空からヘリコプターでばら撒かれた。この壮大な事業によって駆逐したウリミバエの根絶戦記である。

第3章では寄主植物の除去について語る。西日本の数か所に密かに侵入した外来種アリモドキゾウムシを初動で根絶した壮絶な戦記だ。第4章では三つの根絶法を組み合わせた根絶について語る。沖縄県の久米島と津堅島では、それまでハエでしか成功していなかった根絶法が、世界ではじめてとなる甲虫での根絶を達成した偉業となった。「基礎研究こそもっとも応用的である」という言葉も根絶事業の中から生まれた。第5章では根絶作戦の裏側で進んだ研究について語る。

不敗神話のごとく連戦連勝を続けた特殊害虫根絶の戦記は、今、転換期を迎えようとしている。第6章ではこれからを見据えた特殊害虫の根絶戦法について考える。そして第7章では、令和の今、再び危機的な状況を迎えている特殊害虫との戦いの最前線について紹介する。

根絶事業は壮大で、国、地方自治体、一般の方々を含め、数えきれないほどの人たちが携わってきた。僕はその代表者ではない。大勢の関係者のなかの一人にすぎない。僕に本書を書く資格があるのかはわからない。だが、ウリミバエ根絶後、害虫の根絶プロジェクトがどうなっているのか、広く一般向けに紹介された書籍はなく、関係者を除いてあまり知られていない。

幼少期より生物学者になりたかった僕は、1980年に大阪から那覇に向かうダグラス

DC－8の機内で、その年に出版された1冊の新書『虫を放して虫を滅ぼす』（伊藤嘉昭著）という害虫との戦いを描いた戦記を読み、ウリミバエ根絶プロジェクトのことを知った。

80年の春に琉球大学農学部に入学し、3年後に昆虫学教室の門を叩いた。大学院を修了した後、沖縄県庁に採用された僕は、農家の方々に農業の技術を指導する農業改良普及員として作物と害虫について調べ、ミバエ根絶に直面する現場で3年間働いた。90年4月には県農業試験場に異動し、「ミバエ研究室」という害虫の名がそのままついた研究室に配属された。それから2000年3月までの10年間、ウリミバエとアリモドキゾウムシの根絶作戦の作戦部隊員兼研究員として働いた。同年4月にはミバエ対策事業所の主任研究員として久米島でのアリモドキゾウムシの根絶事業に携わり、その秋、岡山大学に転職した後は、国による特殊害虫の根絶事業に、専門家として関わっている。

特殊害虫の駆逐に費やした先人の努力を知らない若い人たちも多いと耳にする。忘れ去られてはならない。後の世代に向け、誰かが根絶の戦記を書き残しておかねば、と考えた。客観的にただ根絶の記録を残した文書ではなく、関わった一人の科学者として、ある意味偏った主観も交えた物語を書くことで、根絶作戦について読者に自ら考えてもらえる文章を残したい。それが本書を書いた動機である。

ここ数年、ミカンコミバエは毎年のように九州に現れ、出現範囲は大分を除く九州全域に及んでいる。このままでは九州のミカン産地が危ない。またアリモドキゾウムシも、これまでは未侵入だった鹿児島本土にたびたび侵入し、高知に出現したこともある。その都度、現場の方々の懸命な努力のおかげで、各地で数年がかりで根絶されているが、2022年には突如、静岡県浜松市にも侵入し、その影響は、2024年にまで及んでいる。

温暖化とグローバル化が進んだ今、特殊害虫が突如、九州以北に出現する頻度は増しつつある。今こそ、この問題を整理して、新たな対策をとらなくてはならない。それを怠ると、特殊害虫の蔓延が現実となり、取り返しのつかない事態になりかねない。そして、ミカン類をはじめとした多くの果物やサツマイモを食べるときに、ウジ（幼虫）が出て来る事態と向き合わなくてはならなくなる。新たな危機が僕たちの日常に迫っている。

目次

図版作成・レイアウト／ＭＯＴＨＥＲ

特殊害虫の根絶に関わる南西諸島の島々

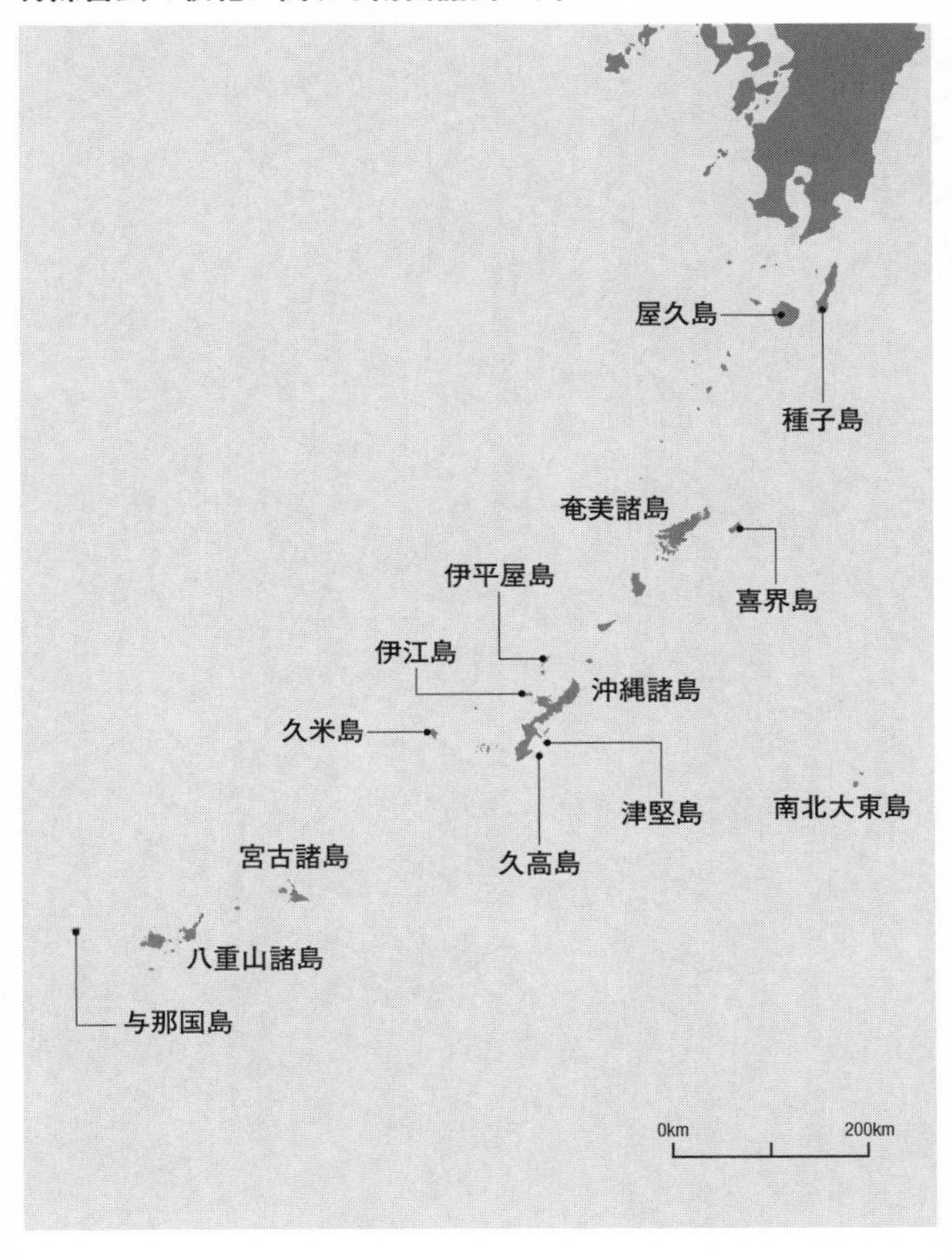

第1章　オスを消す技術

２０２０年、九州で柑橘類（かんきつるい）の世界的な大害虫、ミカンコミバエ（写真１－１）のオス成虫が１６２匹も見つかった。侵略的な特殊害虫の再来である。このハエにはオスのみを強力に誘引する剤があり、剤を入れたトラップ（以後、罠（わな）と呼ぶ）が全国の各都道府県に仕掛けられている。罠にかかった１６２匹のうち、目を引いたのは鹿児島の１５０匹である。この年、鹿児島県は、果実から幼虫が発見されたことを県のウェブサイトで公表した。これはつまり、九州でミカンコミバエの繁殖を許したことを意味する。ミカンコミバエが九州本土で繁殖したのは、はじめてである。

鹿児島県はミカンコミバエのオスを強力に誘引するメチルオイゲノールと呼ばれる剤と、殺虫剤をしみ込ませた約45ミリ四方の「テックス板（誘殺板）」（写真１－２）と呼ばれる板を、ヘリコプターから散布することに踏み切った。

テックス板とは、南西諸島に旅行された方は、家々の庭先で４・５センチ四方の茶色い板が樹木から吊（つ）り下げられているのを見たことがある方もいるかもしれないが、ミバエ類を早期に発見し、根絶するために有効なサトウキビ等の粗繊維を固めた板で、今にいたるまでミバエ類のオスを取り除くために使われている。

メチルオイゲノールの誘引力は半端ではない。周辺にいるすべてのオスが誘引され、少量の殺虫剤を混ぜた板を舐めたオスはすべて死ぬ。オスが消えると、メスは子どもを残せないので、その種は根絶にいたる。

この「オスを消す技術」によって、早期発見と初動防除を誤らなければ、ミカンコミバエはたとえ再侵入しても、その年のうちに根絶できる。実際、これまで九州本土では再侵入の都度、根絶できていた。

しかしわが国に迫るその危機は増えつつあり、ここ数年、ミカンコミバエは毎年、日本への再侵入を繰り返している。さらに南西諸

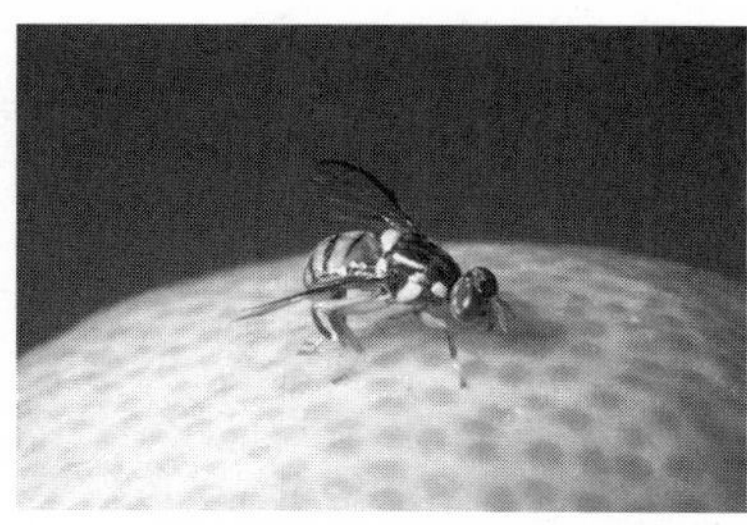

1-1 ミカンに産卵するミカンコミバエ(体長7～8ミリ)のメス

1-2 テックス板を舐めるミカンコミバエのオス

島では根絶が困難な地域も出てきて脅威が迫っている。

この脅威については第7章で詳述することにして、本章ではミカンコミバエの根絶の歴史から語りはじめよう。いったん、50余年も前に時を戻す。ミバエ類の根絶プロジェクトは、戦後の小笠原(おがさわら)、奄美(あまみ)、沖縄の日本への返還と深く関わっている。

運命の人

１９７０年代から現在まで、特殊害虫の根絶を支えた関係者に貫かれている一つの「心構え」がある。先人たちから内々に引き継がれた申し送り事項のようなものだ。申し送りなので、公文書はもちろんのこと、役所や議事録などの公式の文章には現れない。

それは、「たとえ根絶に失敗してもかまわない。なぜ失敗したかがわかるよう、事業の過程で得られたデータはすべて論文として公表しよう。できる限り英語で書いて世界に向けて公表する。それによって将来、成功に向けての筋道が必ずできる」というものだ。

何を言っているのだ、と読者は思うかもしれない。国民の税金を使って推進する事業なのに失敗してもかまわない？

だが、この本を読み終わった方々は納得してくれるに違いないと僕は信じている。１９

60年代後半からはじまった根絶と、各地域の現場で這いつくばって日本農業を守ってきた人たちの努力を知っていただければ。

さて「失敗はいずれ成功を導く」、この心構えを浸透させたのは、ミバエ根絶の密命を受けて、1972年に東京の農業技術研究所（現在の農研機構）から沖縄県にやって来た科学者・伊藤嘉昭（1930〜2015）である。生態学者である伊藤は、根絶事業の命運を一身に背負った、まさに「運命の人」と言える。僕にとっては恩師でもあるが、本書の登場人物の敬称は略させていただく。

1992年10月にウイーンで開催されたミバエシンポジウム後、懇親会での伊藤嘉昭

伊藤はミバエの根絶を語る上で欠かせない人物だ。1950年、20歳で東京農林専門学校を卒業し、すぐ農林省（現在の農林水産省。伊藤はいつもこう呼んでいたのでここでは踏襲する）の農業技術研究所の昆虫科に入り、植物の汁を吸うアブラムシが害虫になるまでどのように増殖するかについて研究していた。

52年5月1日、伊藤は農林省の職員１００人近くとともに、皇居前広場へと行進するメーデーの集会に参加しようとした。ところが、途中、日比谷公園で警官に追われて逃げて来たデモ隊に巻き込まれ、運動神経の鈍い伊藤は咄嗟に逃げることができなかった。

本人が後に語るには、デモ隊を追いかけて来た警官に小さな赤旗を持っていたという理由で殴られ、頭から流血した。一緒にデモに参加した友人らと診療所で応急処置を受けたが、3針を縫うけがを負い、手当ての後、仲間らとタクシーで帰ろうとしたところ、警察に呼び止められ、逮捕されてそのまま警察署に連行され勾留されたという。

なぜデモに参加しただけで逮捕されたのか。実はデモ隊は暴徒化し、皇居前広場に止まっていた外国人の自動車をひっくり返して炎上させた。警官とデモ隊の間で発砲もあった。デモに参加した側に死者も出る流血の惨事となった。世に言う「血のメーデー事件」である。伊藤は後に知ったが、当時「けが人はすべて連行せよ」という指令が警察から出ていたらしい。後の記録によると、衆人が集合して暴行などを行い公共の平穏を侵害した騒乱罪に問われ、１２００名以上が逮捕され、うち２６１名が起訴されている。

一緒に逮捕された仲間のうち、負傷して逃げ遅れた伊藤だけが２６１名の一人として拘置され続けた。伊藤の回想（『楽しき挑戦——型破り生態学50年』）によれば、黙秘せず警官に殴られたことを素直にしゃべったところ、逆に「日比谷公園わきの道路で警官に暴行した」とされて起訴され、その後9か月近く、葛飾区小菅にある東京拘置所に勾留された。保釈後も17年続いた裁判の間、農林省を休職の身となりながら、支援者の支持を受け研究所に通い続け復職した。そういえば僕の記憶の中の伊藤も素直な性格の方だった。

獄中

大変な事件に巻き込まれたわけだが、拘置所での伊藤の行動力には驚かされる。拘置所は飯も不味く、電灯も暗く、本を読むのに苦労したと本人は回想するが、「暇だったから」という理由で、友人の差し入れた外国の書物や文献を読み漁ったという。

当時、日本の科学者のなかにはウクライナ出身でソビエト連邦の農学者ルイセンコの影響を受けたものも多かった。伊藤も彼を支持していたが、獄中でルイセンコの原著論文を自分で読むためロシア語を独学で勉強し、これを読破する。それと同時に、当時のアメリカやイギリスの進化生物学の書物も読み漁った。そしてメンデル遺伝学を否定し、遺伝ではなく環境因子が形質の変化（つまり進化）を引き起こすという説を展開したルイセンコの学説は間違いだと認識するにいたり、ダーウィンの進化論をその基礎に持つイギリスやアメリカの学問を支持する気持ちに傾いたという。拘置所で蓄えた知識をもとに、後に伊藤は日本の進化・生態の研究者たちに大きな影響を与える教科書や一般書を執筆する。

また獄中から、アブラムシがどのように増えるかについて、その仕組みを書いた自著の論文の別刷を、国内外の科学者に郵送した。海外に送る際には自分のおかれた境遇を書いた手紙も添え、生物の集団を基礎とする生態学の重要性について問うた。勾留の身でありながら、欧米の錚々たる進化生態学者らと手紙による交流を深めた。前出の『楽しき挑戦』には「こうして拘置所の中からなんとかつきあってくれる学者仲間を作ってきたのだった」と書いている。

起訴が決まると農林省から「休職」を言い渡された伊藤は、保釈後、メーデー事件被告団の運営委員になり、判決まで17年かかった裁判で無実を訴え戦った。そして１９７０年の一審にて証拠不十分で無罪になった。復職に向け支援してくれたのは農林省や都道府県の現場の研究者、手紙を通じて仲間となった海外の科学者たちだった。

「伊藤を復職させよ」という要望書が次々と集まり、一審判決の1年前、69年3月に復職が決まった。なおこの裁判、結局二審ではメーデー騒乱罪自体が不成立となり、検察庁は最高裁への上告を断念した。判決前の復職も異例なら、検察の上告断念も極めて異例だと、本人は回想している。

伊藤は獄中でも、保釈後も、研究を続けた。休職中の身でありながら、というより休職中の生活費の足しにするため、欧米の生態学の発展を紹介する書籍も何冊か執筆した。僕たちより少し上の世代は教科書として読んだ人も多いだろう。こうした奇特な才能を買われ、大学から教職への打診もされたが、思わぬ妨害を受けて話が流れたりもしている。その代わりに、復職した農林省から密命を受けて沖縄に派遣されることとなる。それがミカンコミバエとウリミバエの根絶に結びつくのだから、人の運命は不思議である。

1955年、南米ベネズエラの北にあるキュラソー島で不妊化法によってラセンウジバエ（*Cochliomyia hominivorax*）が根絶された。アメリカ昆虫学会誌のこの報告論文を読み、国内の雑誌に紹介文を書いたことが、伊藤と不妊化法を結びつけるきっかけとなった。

1950〜60年代、ミカンコミバエは沖縄、奄美諸島と小笠原に侵入して蔓延し、ウリミバエも先島諸島（八重山諸島と宮古諸島）に侵入していた。農作物に重大な被害をもたらすミバエ類が、本土に侵入し定着するのを防ぐため、農林省は植物防疫法で、これらの島々からミカンコミバエの寄生する果物や野菜の移動を禁止していた。

日本における特殊害虫戦記の歴史は、ミカンコミバエからスタートする。先にも書いたようにミカンコミバエには、オスを強く誘引する物質メチルオイゲノールがある。すべてのオスがこの物質に誘引されてしまうため、オスを消してしまうことができるのだ。オスを消すとは、いったいどういうことだろうか？

秘薬

メチルオイゲノールはミカンコミバエを根絶するために開発された物質ではない。この秘薬の発見は１９１２年のインドにまで遡る。この年、インドでハウレットというイギリスの昆虫学者にこんな話を持ち込んだ近所の人がいた。シトロネラというイネ科植物の葉から採れる精油（香料）をハンカチに吹きつけると、ハエがたくさん集まって来るというのだ。これを聞いたハウレットは、そのハエがミバエの仲間だと知って、もしこれを使って害虫のミバエのメスが集められるなら防除に使えると期待した（以下、小山重郎（こやまじゅうろう）『よみがえれ黄金（クガニー）の島』参照）。

　果実畑でシトロネラ油を含ませたハンカチを振ると、実際にたくさんのミバエが集まって来た。期待に胸膨らませて彼が実験室に持ち帰ったミバエは3種いたが、なんとすべてオスだった。ハウレットはがっかりしたが、その後も研究を続け、シトロネラ油のなかに含まれるメチルオイゲノールを、ミカンコミバエのオスを誘引する物質として特定した。

ハウレットの実験から34年を経た１９４６年に、ハワイ諸島でミカンコミバエが見つかり、すぐさま蔓延してしまった。アメリカ農務省（ＵＳＤＡ）が管轄するハワイのミバエ研究所に着任したローレン・フランクリン・スタイナー博士（１９０４〜７７）は、メチルオイゲノールがオスを強力に誘引することを評価し、殺虫剤と混ぜて野外におくことでオスの数を減らせないかと考えた。

オスが減ればメスも交尾する相手がいなくなり、被害を軽減できるに違いない。そればかりか、さらにオスをすべて取り除くことができないだろうかとも考えたのだ。これが根絶という発想のはじまりだろう。

１９５１年から52年にかけてハワイ諸島のオアフ島の試験地で、メチルオイゲノールと殺虫剤を混ぜた液体を内側に塗りつけた箱を50個並べ、毎週１回、薬剤を取り換えた。この実験で３００万匹のオスのミカンコミバエを誘殺できたことで、試験地にある果実の被害は確実に減ったのだった。

この実験成功を受けて、スタイナー博士らはハワイ諸島のなかでもっとも大きなハワイ島で、１９５２年から53年にかけ大規模な実験を繰り返した。このときメチルオイゲノールと殺虫剤をしみ込ませた25センチ四方、厚さ2センチのテックス板を、試験地の樹木の枝から吊り下げた。毎月この板を交換したところ、試験前はたくさん生息していたミカンコミバエが、数か月後には試験地区にあったグアバの実から幼虫が見つかることが非常に少なくなり、オス成虫はほぼいなくなった。

博士は考えた。誘引剤でミカンコミバエのオスはほとんどいなくなったのに、幼虫が果実のなかで見つかるのは、試験地以外から交尾をしたメスが飛んで来て卵を産むために違いない。だとすると、まわりから新たにメスのハエが飛んで来ない隔離された場所にテックス板を吊り下げると、その場所にいたすべてのオスは罠にかかって死ぬ。オスが消えれば交尾相手のいなくなったその場所のメスは子どもを残せず、ミカンコミバエを根絶できるのではないか。

太平洋戦線

1960年9月、アメリカ軍の占領下におかれていた小笠原諸島で、スタイナー博士の指導のもと、メチルオイゲノールによるミカンコミバエの根絶作戦がはじまり、米海軍の飛行艇からテックス板が投下された。島には民家も多いため、板を空から落とせない民家のある地域では兵士による地上作戦、つまり板の吊り下げ作業も行われた。

小笠原にミカンコミバエが侵入したのは１９２５年頃と言われている。第二次世界大戦中、日本軍は島民全員の立ち退きを命じ、全島が日本軍の基地となっていた。敗戦後は米軍と帰島を許可された一部の住民が暮らしていたが、58年頃から米軍の栽培していたトマトでミバエの被害が大きくなったため、ミカンコミバエの実験的な根絶作戦が開始されたのだった。作戦は2年間続き、ミバエの数は５分の１程度まで減ったが、根絶が達成されないまま、62年８月に作戦は取りやめとなる。68年に小笠原諸島は日本に返還され、東京都に編入された。その後、東京都による根絶作戦がはじまるが、それは後で述べる。

小笠原で根絶に失敗したアメリカ政府は、62年秋からマリアナ諸島のロタ島で新たな根絶作戦を展開した。ロタ島（面積85平方キロ）はグアム島から北に約90キロ離れたところに位置する。再びスタイナー博士を中心に62年11月から飛行機によるテックス板の投下を、ヘクタールあたり０・５枚、２週間に一度行った。地上でもテックス板を、ヘクタールあたり０・16枚ずつ吊り下げた。ミカンコミバエがどのように減少するのか、科学的に確認するため、二つの方法が実施された。

一つ目の方法は、罠で捕れたミカンコミバエの数を数えることだ。博士は、ミカンコミバエを誘引するための罠を独自に作成した。これはスタイナー型罠（写真1－3）と呼ばれ、現在まで一貫して採用されている。

二つ目の方法は、果実の被害調査である。グアバ、マンゴー、パパイアなどの果実を採集し、砂の上に4～5週間ほどおく。なかに幼虫がいれば砂に潜って蛹（さなぎ）になるので、それを調べるのだ。ときには果実を割いてなかの幼虫の有無を調べることもある。ミカンコミバエのメスは果実に卵を産み、約1日で卵から孵（かえ）った幼虫は果実を食いすすんでドロドロにし、7日から2週間ほどかけて蛹になる準備ができる。成熟した幼虫は果実から出て来て、砂のなかに潜り蛹になる。腐敗した果実の臭いで現場は大変だ。それでも果実の被害を確実に調査するこの方法は、今でも同じである。ロタ島での駆逐作戦で、根絶を確認するための手法の原型が完成されたと言える。

さて、ロタ島でのテックス板の効果はみるみる現れた。ミカンコミバエの数はどんどん減り、翌63年4月に、罠で1匹のオスが見つかったのを最後にミカンコミバエはいなくなった。そしていくら果実を採集してきても、そこから幼虫は飛び出して来なかったのである。害虫を駆除するには、当時から農薬散布が主流だったが、誘引剤によるこの根絶法は、誘引される対象の種だけをターゲットにして駆除できる。そのため天敵を含め他の昆虫や

1－3　スタイナー型罠（トラップ）

生物も殺してしまいかねない殺虫剤の散布に比べ、圧倒的に環境に優しい害虫防除法といえる。

ロタ島での成功によって、64年からアメリカはマリアナ諸島のサイパン島、ティニアン島、アギガン島でのオス除去法を進め、65年5月にはこれらすべての島からミカンコミバエは消えた。スタイナー博士はロタ島の根絶を65年に、四つの島からの根絶を70年に、アメリカ昆虫学会の発行する専門誌に報告した。これらの報告はわが国の農林省の目にもとまった。そして日本への返還作業が進んでいた南西諸島のミバエ類の根絶事業が水面下で動き出す。ロタ島では62年から63年にかけて、次章で述べる不妊化法もウリミバエ駆除のために実施されている。

ちなみに、その後マリアナ諸島には、再びミカンコミバエが侵入し、何事もなかったかのように繁殖している。ミカンコミバエは自力で太平洋の諸島に飛んで来ないため、観光客が寄生した果実を安易に持ち込んだのであろう。アメリカ政府は、これらの事業を実験と位置づけていたため、根絶後、再侵入を防ぐ計画はなかったのだ。

今の日本の状況を見て実感できることなのだが、根絶事業は根絶を達成した後が、実はもっとも大変で、再侵入を許さないための終わりなき戦いに突入するのである。

初戦、喜界島(きかいじま)

さてマリアナ諸島での根絶の報告を受け、わが国でもミカンコミバエ根絶作戦が開始された。日本における最初の根絶事業の舞台は、1953年12月25日に日本に復帰した奄美諸島だった。農林省は68年9月からメチルオイゲノールによるミカンコミバエの根絶をはじめるにあたり、研究者である伊藤に、その最初の対策会議に出席して意見を述べるよう指示した。だが、まずは研究のための予算をつけて、敵であるミカンコミバエの生態を少なくとも1年は調べ、基礎的な研究の後に根絶事業をはじめるべきだ、とこの会議で主張した伊藤ら若手研究者の意見はまったく無視されてしまう。このオスを消す技術は、先に述べたようにマリアナ諸島のミカンコミバエを滅ぼした実績があった。農林省としては、海外とはいえ、すでに確立された技術なので、予算を獲得した後に、お墨付きをもらうために研究者も会議に出席させたのだろうと伊藤は振り返る。回顧録に「研究者たちは『念のために』(?)集められたにすぎなかった」と書いている(『虫を放して虫を滅ぼす』)。おそらく、このことが後の沖縄でのミカンコミバエ根絶にあたり、伊藤が根絶作戦を展開するための研究者の人事は自分の主張を通すことを条件として、作戦の責任者を引き受けた所以(ゆえん)なのだと僕は思う。根絶事業とは言え、結局、それを成すのは人である。

さて、奄美諸島で最初に根絶を試みる場所に選ばれたのは喜界島だった。メチルオイゲノール97%と殺虫剤3%の混合液をしみ込ませた粗繊維で作った、縦横6センチのテックス板を、2ヘクタールあたり1枚の割合で月3回空から投下、住宅地では民家の樹木などに針金で吊り下げたり、野原に向かって放り投げたりした。さらにメチルオイゲノールと殺虫剤をしみ込ませた綿を入れた罠に捕まるミカンコミバエの数もモニタリングされた。

68年9月に作戦がはじまると、すぐに数は減り、約半年で島でミカンコミバエは捕まらなくなった。ところが69年9月にミカンコミバエが捕まり、その数が増えてしまう。以降も75年まで毎年、ミカンコミバエの数は一時的にゼロになるのだが、その後は罠にかかって増えるという事態が7年間も繰り返されたのである。
つまり、いつまで経っても喜界島のミカンコミバエはゼロにならなかった。ところがそれにもかかわらず、根絶を目指す地域の規模はどんどん大きくなり、奄美諸島全域で駆除作戦は展開された。喜界島でもゼロを達成できていないのに、事業はどんどんと進んで行く。行政機関のみが根絶事業を主導するとき、「なぜ減らないのか?」という問いが考えられることはなかった。

なぜ奄美諸島のミカンコミバエは減らないのか? 結局、この問題に取り組んだのは、伊藤と沖縄県農業試験場の研究陣だった(伊藤が沖縄県に採用された経緯については後に詳しく述べる)。伊藤らは鹿児島県庁の職員の協力を得て、ミカンコミバエの誘引に関するデータを送ってもらった。解析したところ、沖縄本島からミカンコミバエが飛来しているのでは、という結論に達した。

77年に沖縄本島でミカンコミバエのオス除去法がスタートした。するとそれ以降、奄美諸島でミカンコミバエの姿を見ることはなくなった。直接の証拠は得られていないが、一連の事実は沖縄から奄美にミカンコミバエが飛来しているとする説が正しいと判断できるものだった。農林省は喜界島、奄美大島、徳之島でのミカンコミバエの根絶を79年5月に確認したと発表、わが国ではじめてミカンコミバエ根絶が達成された画期的な瞬間だった。

根絶作戦を、ただ闇雲に防除を進める事業として捉えると、問題が起こったときに解決ができない。なぜ根絶できないのか？　についてデータを解析し、現場で起こっていることは何かを科学の目で問うてはじめて、問題解決への道は開けるのである。根絶のためには研究と行政が車の両輪のように、しっかりと連携しなくては事業が進まないという伊藤の主張は証明された。

次戦、小笠原

次に根絶の戦場となったのは小笠原である。小笠原諸島は１９６８年6月26日にアメリカから日本に復帰した。そして東京都の管轄となったが、いくら小笠原でミカンなどの果物を栽培しても、東京都心の市場に持ち出せない。害虫の根絶が確認されていないからだ。

ミカンコミバエが小笠原諸島に侵入したのは、１９２５年から26年にかけて、サイパンから父島へ寄生果実が持ち込まれたことによるとされる。小笠原にはミカンコミバエ以外の有害ミバエは侵入していなかった。先に述べたようにアメリカも占領時代の１９６０年から62年まで、メチルオイゲノールを使って小笠原のミカンコミバエを根絶しようとしたが失敗している。

小笠原が日本に返還されると、東京都は小笠原でのミカンコミバエの分布と基礎的な生態を調べはじめた。そして都は75年に小笠原でミカンコミバエの根絶作戦に着手した。まず、同諸島全域を対象に、一斉に誘殺木綿ロープのヘリコプター散布と、テックス板の地上吊り下げによるオス除去が行われた。こうして、野生虫の密度を低下させた後に、不妊オスを放して、根絶を図る方法を採用したのだ。なぜ都は、オス除去法による根絶をあきらめ、不妊化法に切り替えたのか。

実は当時、関係者を現代まで震撼（しんかん）させ続けることになる現象が生じていた。小笠原諸島に生息するミカンコミバエのなかに、メチルオイゲノールに反応しにくいハエの集団が見つかったのだ。なぜそのような集団が現れたのか原因は不明だが、2年間アメリカによるメチルオイゲノールの散布が続けられたことと関係があるかもしれない。

生物には個体変異がある。ミカンコミバエのなかにもメチルオイゲノールによく誘引される個体と、あまり誘引されない個体がいるだろう。もし長期的に誘引剤を使い続けると、この誘引剤に引き寄せられて死んでしまう個体は子どもを残せない。誘引されるという性質に遺伝性があるとしたら、誘引されにくいミカンコミバエがより子孫を残せて、集団中に広まっていくだろう。「抵抗性ミバエ」の出現だ。自然選択による進化の仕組みを考えれば、これは当たり前のことである。

この仕組みを理解していたのは、農林省の研究者で、当時すでに沖縄に赴任していた伊藤と、小笠原分室に採用されたミバエ専門家の岩橋統（おさむ）（1944〜）だろう。岩橋は小笠原を熱帯果樹や野菜の生産地にしようと考えた東京都が、東京都農業試験場の小笠原分室員として採用した、大学院を出たての若手研究者だった。後に僕はこの人に師事することになる。伊藤と岩橋は、抵抗性ミバエの可能性について議論し、農薬に対する抵抗性を獲得した害虫と同じように、メチルオイゲノール抵抗性を獲得して進化したミカンコミバエの出現に危惧を抱いた。

第5章でも述べるように、岩橋はミカンコミバエが小笠原全域に分散できる飛翔能力を持つことを証明した。そこで1975年12月から、小笠原諸島での一斉防除がはじまった。父島では不妊虫の大量増殖施設の設計がはじまり、父島、母島、聟島（むこじま）の3列島で誘引剤によって野生虫の密度を低下させた。

メチルオイゲノール抵抗性のミカンコミバエ出現の危機に備えて、小笠原ではミカンコミバエの根絶の詰めとして、次章で詳しく述べる不妊化法を採用することになった。

岩橋統（右）と筆者（左）、1989年那覇市にて

その結果84年8月2日に、東京都知事から国にミカンコミバエの駆除確認調査の申請書が提出された。国による調査の結果、小笠原諸島に仕掛けた罠にミカンコミバエは誘引されず、ミカンコミバエが寄生する果実を13万2000個調べたが、寄生された果実は見つからなかった。根絶が達成されたのだ。

小笠原諸島全域がミカンコミバエの発生地域から除外されたのは、85年2月15日だった。

密命

話は前後するが、伊藤嘉昭は、1971年の秋に働いていた農業技術研究所の昆虫部門の科長から、沖縄に行かないかと打診を受けた。次章で述べるが、71年時点で、日本政府は沖縄復帰に向け、沖縄に寄りそうための事業を各省庁あげて進めていた。復帰後の沖縄で国がもっとも気を使ったのは、沖縄で独立の気運が立ち上がるのを防ぐことだったのだろう。沖縄と本土の格差をなくし、日本復帰を県民の総意とするため、政府は各省庁に沖縄への支援政策をとるよう指示した。

農林省も例外ではない。同省がその目玉としたのが、南西諸島のミバエ類の根絶だった。いくら沖縄で作物を栽培しても、東京や大阪をはじめ本土の市場に出荷できないのでは、沖縄県民に差別感が生じる。政府が気にかけていたのは、日本に復帰した沖縄県民に復帰して良かったと実感してもらうことだったのは想像に難くない。

71年の秋に農林省が伊藤に持ちかけた話は、単に沖縄に赴任してミカンコミバエの根絶を目指せ、だけではなかった。それとは別に密命があったのだ。このとき72年5月の本土復帰がすでに決まっていた。そこで復帰に伴う事業の一つとして、沖縄本島の西にある久米島で、第2章で述べる不妊化法によるウリミバエ根絶事業を行う予算が組まれていたのである。

農林省は、東京近郊ではできないが、国策として重要な農業技術の課題を各都道府県に事業として委託して、国から主任を派遣する事業を展開していた。派遣される主任の給料は全額を国が持ち、そこで働く研究員の人件費と研究費は、国と県が基本5：5で持つという指定試験事業という制度である。

第6章でも触れるが、この事業はもともとイネをはじめ、作物や果樹の新品種の育種を目指すものだった。その土地の気候に適した品種は、その土地で改良することがベストなので、各県に国の研究出先拠点をおいて成果を出そうとしていたのだ。指定試験地は全国に40か所以上も設置されたが、なかでも際立った成果は、コシヒカリとササニシキという米の育種に成功したことである。指定試験の制度がなければ、僕たちはコシヒカリやササニシキの味を知らずに育ったはずだ。

育種事業の他に、各地方特有の作物の病害虫を退治するために設置された指定試験地もあった。沖縄には基幹作物のサトウキビの病害虫を研究するための指定試験地がすでにあり、伊藤に下された密命は、まずはこのサトウキビの指定試験地の主任として着任し、サトウキビ害虫の生態学的研究を行うかたわら、ウリミバエの根絶事業の下地を作れ、というものだった。

伊藤は、ウリミバエを根絶するために必要な優秀な若手研究者の人事を自分にまかせろ、という条件を付けて、この激務を引き受けた。伊藤は国の予算で南西諸島のミバエ類の根絶という大事業に挑むチャンスが到来したと考えたのだと、僕は思う。

戦争を経て27年間もの本土とのギャップのある沖縄では、害虫防除に関する諸外国の専門誌などの所蔵もなかった。メディア、研究情報、文献、研究者の人材など、すべてが不足する沖縄で根絶を目指すという相当の覚悟を持って、72年10月に伊藤は那覇空港に降り立ったのだった。

さまざまな設備が圧倒的に不足した沖縄で、世界最前線の研究事業を自分がやるのだ。失敗してもかまわない。得られた科学的データはすべて世界に向けて公表する。それを実現できる若い研究者を沖縄で育てる。科学的データがあれば、それはいつしか、成功の糧となる。人材が育てば、沖縄に世界で最先端の害虫研究者の集団を作れるという夢を心に抱き、伊藤は燃えていた。

凄(すご)い人事

農林省と沖縄県はウリミバエ根絶を伊藤に託し、事業全体の指揮官として全面的に受け入れた。このとき、日本における害虫根絶作戦は、成功に向けて緒に就いたのだと、今になれば思う。

伊藤は、沖縄に長期出張で来ていた農林省昆虫科長に、次々と研究者スカウトの要望を伝えた。科長は沖縄県農林水産部の病害虫部門の上層部と、毎晩、人事の交渉を行っていた。そしてついに、伊藤の希望した本土出身の生態学のポスドク、沖縄出身で昆虫学を勉強した複数の人材、小笠原でミカンコミバエを研究していた岩橋など、5名以上の若い昆虫学者をウリミバエ根絶プロジェクトチームに採用することに成功した。

現在の地方行政組織や国家公務員の研究組織では、こんな人事は難しいだろう。後に沖縄県庁職員になり、これらの方々とも親しくさせていただいた僕から見れば、信じられない人事に思えるが、これくらいのことをしなくては、根絶事業は達成できなかったと断言できる。

余談になるが、沖縄県職員となった僕が初日に沖縄県農林水産部に着任したとき、当時の課長は夕方5時を過ぎると、スクガラス（塩浸けにした瓶入りの小魚）を乗せた島豆腐とオリオンビールを持ち出してきて、僕たち新入り職員を歓迎してくれた。1990年4月1日である。この課長こそ、ありえない人事を実現した沖縄県農林水産部の上層部にいた、その人だった。

さて72年頃、沖縄県では、琉球大学を卒業したばかりの何名かの研究職員を根絶プロジェクトチームの一員として採用した。先に述べた特別な人事ではなく、普通に公務員試験を経て採用された県職員に、伊藤たちは昆虫生態学の数々のスキルや研究のイロハを教えた。さらに夜に英語論文を読むセミナーを行い、英語の読み方、英語論文の書き方までも熱心に指導した。

伊藤が心に誓っていたことは、本章の冒頭にも述べたように、「たとえ根絶に失敗しても良い。データをすべて解析し、世界に向かって発信をする。つまり英語で研究成果を世界に問う。それができれば、もし失敗してもその原因がわかるはずだ」という強い信念だ。若い研究者たちには、とにかく英語論文を書かせた。専門学校卒業の伊藤には、学閥もなければ旧帝国大学の後ろ盾もない。伊藤は、英語論文を世界に公表することで業績を得て世界的に有名な科学者となり、ウリミバエ根絶事業を率いたのである。

著作のなかで伊藤はこう書き残している。「私は一九七五年に出した『一生態学徒の農学遍歴』にこう書いた。「本土の研究機関で一人前にやっていける研究者を何人つくれるか、に私は賭けている。」この希望はかなえられた」（『楽しき挑戦』）

伊藤の人生においてミバエ類が占める部分は少なくない。しかし、ベトナム戦争での枯葉作戦への反対運動にはじまり、反戦運動、沖縄問題、個体群生態学の発展、社会性昆虫の研究推進、日本における行動生態学と進化生態学躍進の立役者としての立場など、伊藤は日本の生態学と自然史の発展を語る上で欠かせない一人でもある。それらを記述することは本書の目的から外れるため、巻末に記した参考文献を見て欲しい。

沖縄での戦い

沖縄でミカンコミバエのオス除去法が開始されたのは１９７７年10月である。沖縄県は、北から沖縄諸島、宮古諸島、そして石垣島、西表島（いりおもてじま）、与那国島（よなぐにじま）等からなる八重山諸島の三つに大きくわけられる。

最初に防除事業が行われたのは、一番北に位置する沖縄諸島だった。先にも述べたように、当時、奄美諸島でときどき見つかり、根絶にてこずっていたミカンコミバエが、もし沖縄本島から飛来したものであれば、沖縄本島の北部地域のミカンコミバエを叩けば、奄美には飛来しないはずだ。また北部はタンカンと呼ばれるミカンの産地でもあった。それに沖縄県全域で根絶を同時に展開するには費用がかかりすぎる。そのため、北から南に順に根絶作戦を展開することがもっとも理にかなっていた。

沖縄県農業試験場に、国の指定試験地としてミバエ研究室が設置されたのは77年である。それまで同試験場の別の指定試験地でサトウキビ害虫研究室に勤務していた伊藤が、初代のミバエ研究室長に着任した。伊藤は奄美でのミカンコミバエの根絶苦戦の理由について原因の解明を行うとともに、次章で述べるウリミバエの不妊化法による根絶と研究、沖縄でのミカンコミバエの根絶に精力的に取り組み、同時に、後任も探していた。78年7月に伊藤は沖縄を離れて名古屋大学に助教授として着任するが、その後も沖縄に足しげく通い、特殊害虫の根絶を支える基礎研究を続けた。

78年8月、神戸港から船に乗って那覇港に着き、伊藤の後任として二代目のミバエ研究室長として赴任したのは、当時、秋田の県農業試験場で稲作の農薬散布の回数をいかに減らすかに現場で取り組んでいた小山重郎（1933〜）だった。できる限り農薬を使わない害虫防除法の研究をしていた小山の活躍が伊藤の目に留まり、これまた他県からの異動という前例の少ない人事を行ったのだった。

大胆な性格で根絶へのロードマップを敷いた伊藤と、几帳面（きちょうめん）な性格で徹底的に研究と事業を進める小山は、ミカンコミバエの根絶達成になくてはならない人材だった。秋田の水田現場で害虫を見続けてきた小山の主義は、わからないことがあればまず現場に行く。いわゆる「事件は現場で起こっている」を地でいく人だった。この主義が赴任早々に功を奏す。

その頃、沖縄本島では、メチルオイゲノール剤を施していたにもかかわらず、ミカンコミバエが減らない（正確には10分の1程度にまでしか減らない）問題に直面していた。現場で何が起こっているのか、岩橋を含む当時の根絶対策メンバーが検討したのは、メチルオイゲノールの散布方式だった。奄美では当初、テックス板を使っていたが、根絶が見えてきたときに、経費節減のため、切ったロープに剤をしみ込ませてヘリコプターから撒く方法に変えていた。そして沖縄県もこの方式を踏襲していた。

彼らはテックス板の効果を調べるために、ミカンコミバエの駆除がはじまっていなかった石垣島で実験を行い、誘引効果を比較してみた。すると、テックス板ではたちまちミカンコミバエがいなくなったのに、ロープではミカンコミバエがいなくなることはなかった。

これが原因だったのである。科学的なデータなくして事業だけを続けると、うまくいかないときに何が原因なのかがわからない。科学的なデータの比較方法の訓練を積んだ研究の力が、こういうときにものをいう。

このデータを持って小山は行政を説き伏せ、77年にはすでにウリミバエの根絶に成功していた久米島（第2章で書く）に飛び、テックス板を試すことを沖縄県の行政機関に納得してもらった。後に小山はこう回想している。

「なんでも現場に行ってみなければ気がすまないというのが、秋田にいたころからの、わたしの性分です」(『よみがえれ黄金の島』)
この提案によって、久米島のミカンコミバエはまたたく間にその数が減り、79年3月に数匹が見つかった後、1匹も見つからなくなった。根絶が達成されたのである。研究で得た結果をもとに、行政が実行する。行政と研究の連係プレーが力を発揮したこのケースが、その後、わが国からのミカンコミバエの根絶に拍車をかけることになった。

罠にかかったミカンコミバエを調べる小山重郎

勝利

久米島での成功を受け、沖縄諸島の全域でテックス板の散布がはじまったのは、1979年4月である。ヘクタールあたり2枚をヘリコプターから投下、ミカンコミバエの多い住宅地などではヘクタールあたり4枚を木の枝などに人力で吊り下げた。吊り下げにあたっては、地域の住民の理解が得られるよう市町村役場や小学校などを通じて周知を徹底した。79年10月までには、沖縄本島の中南部でミカンコミバエは激減した。

一方、北部ではヘリ散布を行っていたが、ミカンコミバエの減り方は芳しくなかった。そこで小山と岩橋は9月に、今では世界自然遺産に認定された「やんばる」と呼ばれる北部の山林地帯に入り、罠を仕掛けてミカンコミバエの数を調べた。すると、住宅地とは対照的に森の中にミカンコミバエはいなかった。つまり「やんばる」に投下していたヘリ散布は無駄だったのだ。そこで、北部でも住宅地や海岸沿いの地帯での防除に専念する作戦に切り替えたところ、11月頃からミカンコミバエの数は激減し、翌80年3月には沖縄諸島のほぼすべての市町村で根絶に成功した。

80年春、農業試験場のミバエ研究室の他に、沖縄県はミバエ対策事業所という新たな組織を作った。それまで根絶の事業は県庁の担当職員が行っていたが、次章で述べるウリミバエの根絶も見据えて、県庁内にある担当部署だけでは事業の推進ができなくなり、首里にあった試験場の近くに新しい事務所を建てたのだ。ちなみにこの年の4月に僕は、人生で四度目の沖縄行きを果たした。72年、77年、80年3月の3回の短期滞在とは違って、琉球大に入学し、80年4月に僕は沖縄県民になった。

さて、ほぼすべての市町村で根絶に成功した、と書いたが、なぜ「ほぼ」なのかと言えば、沖縄の最北部に位置する国頭村(くにがみそん)でミカンコミバエの数が減らなかったからである。もしかしたら、北部の山林地帯でヘリ散布をしなかったためかという思いが当時の職員の頭をよぎったが、小山はここでも現場に向かった。

国頭村に入り、テックス板が十分につけられている地域とそうでない地域を探し出し、両方で、一定時間の間に採集できるミカンコミバエの数を数えた。徹底的な現場主義である。その結果、財政的な理由で十分な数のテックス板が設置されていない地区ではミカンコミバエの数が減っていないことを突き止めた。そこで防除対策を地域でばらつきのないように指導し、徹底的なオス除去法を実施した。その結果、81年2月頃から、ミカンコミバエはいなくなった。これ以来、ミバエ根絶チームでは、何か問題が起きると現場に行き、科学の目でものを考える訓練を積んだ研究者が、なぜその問題が起きたかを検討して、根絶事業にフィードバックするという流れが、慣習として受け継がれるようになった。

81年春頃までに国頭村でミカンコミバエが減ると、根絶したはずの久米島で81年6月に2匹のミカンコミバエが見つかった。このときも小山は現場に調査員を行かせ、ミカンコミバエのかかった罠がゴミ捨て場の近くにあることを見つけた。そしてこの2匹がまだ防除のはじまっていない宮古諸島か八重山諸島からの持ち込みによる再侵入だと推定した。

テックス板の数を増やしたところ、それ以降、ミカンコミバエは見つからなくなった。さらに、テックス板の散布を一切やめても本当にミカンコミバエが見つからないことも確認した。81年7月以降、沖縄諸島に650個の罠を仕掛け、15万個の寄主果実を調査してもミカンコミバエは1匹も見つからなかった。

これを受けて沖縄県は、82年4月6日に、国にミカンコミバエがいないことを確認するための駆除確認調査を依頼した。82年4～7月には根絶が適切に行われているのか、農林省による調査が行われ、その妥当性が調べられた。

その後、伊江島と渡嘉敷島で2匹のミカンコミバエが見つかったが、これも小山らが即座に現地に入り、島中の罠を丹念に調べた結果、これらのいずれも観光客が島に持ち込んだ果実から発生したと判定された。82年8月10日、農林省で「植物防疫法施行規則の一部改正に関する公聴会」が開かれ、8月24日に根絶が宣言された。沖縄諸島からミカンコミバエの寄主植物を無条件で本土に持ち出すことができるようになったのだ。

『沖縄タイムス』夕刊の1面に「沖縄産の天然ミカン　東京、大阪で初セリ」の見出しが載った。82年9月1日のことだ。これで沖縄の農家は安心して、ミカンを出荷できる。沖縄に喜びの時が訪れた。その後、ミカンコミバエは、84年11月に宮古諸島、86年2月に八重山諸島でそれぞれ根絶に成功し、日本はミカンコミバエの生息しない国となったのである。

このように書くと、離島での根絶は簡単に進んだように思われるかもしれないが、亜熱帯雨林のジャングルが広がる西表島の山頂にも、若い研究員が登って罠を仕掛け、調査をしている。そうしてミバエがジャングルのなかには生息していないことを突き止めたことも幸運だったのである。

次は、いよいよ伊藤が密命を受けたウリミバエ根絶に向けた挑戦である。

第2章　空から1億の不妊ミバエが降って来る

1975年から90年代のはじめまで、南西諸島では毎週およそ1億匹のウリミバエが空から降った。職員が懸命に育て、蛹のときに放射線を浴びせて不妊にしたウリミバエの大量の成虫を、ヘリコプターからばらばら撒いたのだ。

これは不妊化法（不妊虫放飼法）と呼ばれる根絶作戦である。

沖縄と奄美にはウリミバエを増殖する工場がある。沖縄本島の那覇市にあるミバエ増殖施設では、もっとも多いときには毎週2億匹のウリミバエを生産し、1972年から93年にかけて、綿密な計画のもと、21年の歳月をかけてひとつひとつの島に不妊ミバエを放し続けては根絶してきた。奄美大島の名瀬市（現：奄美市）にある増殖工場では、毎週5500万匹のウリミバエを生産し不妊化して奄美諸島の島々に放し、鹿児島県の各島からウリミバエを根絶させた。

そして93年、日本からウリミバエを完全に1匹残らず駆逐し、わが国はウリミバエの未発生国になった。本章ではこの根絶の物語を紹介する。ここで話はいったん1945年にまで遡る。

悲劇

1945年、世界を巻き込んだ第二次世界大戦が終わった。世界は疲弊し、食糧が圧倒的に不足したため、世界的規模で食糧を増やす政策がとられた。「作れよ、増やせ、食糧を」というスローガンのもと、各国で大規模な農地の整備が進み、取引価値の高い麦や米、果樹など、一つの作物をたくさん生産するモノカルチャー農業がいきおいを増した。だが、モノカルチャーには落とし穴がある。

農地にいろいろな作物が植えつけられると、作物を加害する病原菌や害虫のうち1種類のものだけが増えすぎることはあまりない。先人はそのことをよく知っていた。87年から3年間、農家の指導にあたる沖縄県の農業改良普及員として僕は働いていた。当時の記憶から先人の知恵を紹介しよう。

一つ丘を越えると一面にハウスが広がり、ウリ類が栽培されている。しかし、緑の葉はときに菌糸に覆われ、あるいは突如として茶色に枯れはじめるため、頻繁な殺菌剤の散布が欠かせない。アブラムシなどの害虫もたくさんついている。

一方、丘の手前では老いた民が土を耕す。足元には菜っ葉や根菜や豆類がほどよい間隔で植えられ、その横からは蔓たちがのびる。組まれた棚までのびたその蔓は緑のキュウリの実をぶら下げ、横には赤いトマトの実も成っている。

果実の横には民の笑顔が見える。斜め上からはパパイアやグアバの実が垂れる。風が吹けば、頭上でバナナの葉の擦(こす)れる音がする。黄色いバナナの房が空の青に映える。そこは「生物の多様性が詰められた立方体」だ。そのため同じ病気や害虫で覆い尽くされることはない。これは若い頃、僕が過ごした南の島でよく見た光景である。

単品種を栽培するモノカルチャーは、都市経済と流通には強いが、押し寄せる病害虫のウェーブにはとても弱い。近年、あらゆる大陸で、人間が開発したプランテーションが露呈した農生態系の脆弱(ぜいじゃく)さについて多くの報告がある。病気や害虫を自然に防いでくれる天敵が、進化に追いつかないことも一因だ。生物の進化が育む生物多様性を顧みない現代農業に対する、一つの警告でもある。

大規模な植物工場など、栽培のすべてを管理する方法は、この警告に対して編み出された新しい農法だが、野外での大規模モノカルチャー農業では病害虫が圧倒的な猛威を振るい、牙をむく。管理する人にとっては大変便利なモノカルチャーだが、病原菌や害虫にとっては同じエサが広大に広がっているため、ひとたびその数が増え出すと爆発的に拡大する。

薬漬け

害虫が爆発的に増殖してしまうと、その発生を抑えるには農薬に頼るしかなかった。食糧増産政策のもと、農薬万能の時代がはじまった。今の日本では人や家畜に毒性の高い農薬や、作物の体内に長く残留する農薬、湖や川に生息する水産動植物に対して毒性のある農薬などは、農薬取締法によって、国と地方自治体がその使用を控えるよう管理指導されている。しかし、戦後の食糧増産時代の世界にそのような規制はなく、人体や環境に対する配慮のないまま、農薬が地球規模で使われていた。

アメリカでこの危機を訴えた一人の海洋生物研究者がいる。１９６２年に発刊されベストセラーとなった『サイレント・スプリング』を著したレイチェル・カーソン（１９０７〜６４）である。『沈黙の春』の邦題で知られるこの本は、当時、過度に使われた農薬の危険性を告発している。アメリカの各地から次々と鳥のさえずりが聞こえなくなった。これは街路樹や畑に発生する虫を防除するために撒かれた農薬の被害によるもので、農薬の付着したミミズを食べた鳥たちが死んでいるのであった。そんな虐殺がこの静けさをもたらしたのだ。やがて農薬は、鳥を食べる大型の肉食獣の体内にも蓄積されるだろう。そして人間にも。

この本が農業と環境問題に与えたインパクトは絶大だった。農薬の残留性と生物濃縮の恐怖は広く世に知られることとなり、農薬には基準値が設けられて規制されるようになった。本を読んだ第45代アメリカ合衆国副大統領のアル・ゴアは感銘を受けた。ゴアは後に、アメリカの環境問題に取り組み、ノーベル平和賞を受賞している。

さて、『沈黙の春』には、環境に優しい害虫防除法として、不妊化法の話がすでに紹介されている。害虫を根絶するために害虫を大量に増やすという逆転発想のこの不妊化法は、アメリカで生まれた。

不妊化法の誕生

不妊虫放飼法を思いついたのは、テキサス州の農家で育ったエドワード・F・ニップリング博士(1909~2000)である。20世紀前半のアメリカ南部やカリブ海諸国では、牛や馬の傷口に卵を産みつけ、顎に牙の生えたウジが牛馬の体内を食い進んで内臓まで食べてしまう肉食性のハエ「ラセンウジバエ」が家畜の脅威となっていた。アメリカの家畜被害は、当時１５００万ドルにも達したという。このハエは、たまに人間の鼻や耳の穴にも卵を産んで、そこから侵入したウジが人を殺すこともあった。このハエの学名は、〝*Cochliomyia hominivorax*〟だが、種名となっている〝*homini*〟とは「ヒト」を、〝*vorax*〟とは「むさぼり食う」という意味のラテン語である。

子どもの頃、父親と一緒に牛を育てていた博士は、ラセンウジバエが牛の群れに与える被害を目の当たりにして育った。大学卒業後、１９３１年に米国農務省で昆虫学者としてのキャリアを歩みはじめた彼は、牛の挽肉と血液を使って、この虫の大量飼育に取り組んでいた研究者ブッシュランドと出会う。さらに博士は、１９２７年にキイロショウジョウバエで突然変異体を次々と作り出して分子遺伝学を発展させたH・J・マラーの行った、放射線をあ

ニップリング博士（右）と筆者（左）。1995年那覇市にて

てると虫が不妊になるという研究に注目する。

大量に育てたラセンウジバエの蛹に放射線をあて、オス成虫を不妊にしようと考えたのだ。不妊オスを野外に大量に放すと、不妊オスと交尾した野生メスは受精卵を残せない。毎世代、大量の不妊オスをばら撒けば害虫を根絶できるという不妊化法の原理を思いついた。１９３０年代である。博士は同僚と一緒にこの原理を実用化しようと考え、新しい害虫防除法は、第二次世界大戦による中断を経て、１９５０年代に実際に応用される。

51年、ニップリング博士たちは、世界ではじめて、平方キロあたり39匹の不妊オスをフロリダ沖のサニーベル島で放してみた。しかし、サニーベル島はフロリダ半島に近く、半島から正常虫が飛んで来てしまい、効果は上がらなかった。

だがこれであきらめる彼らではなかった。54年には、ベネズエラの海岸から64キロも沖に離れた、面積４４０平方キロのキュラソー島（オランダ領）で再度、不妊化法によるラセンウジバエの根絶に挑戦した。これほど隔離された島なら大陸からラセンウジバエは飛んで来ないだろう。最初は、サニーベル島と同数の不妊オスを放したが効果が見られなかったため、不妊オスの数を約4倍（平方キロあたり１５６匹）に増やした。すると、その8週間後には、野外で採集した卵はすべて孵化せず、幼虫になることはなかった。さらに14

週間後にはラセンウジバエの卵は1件も報告されなくなったのである。

これが不妊化法の効果が世界ではじめて実証され、害虫の根絶に成功した瞬間となった。この記録は55年にアメリカ昆虫学会の出版する専門誌に公表された。その後、米国農務省は66年にアメリカ国内でラセンウジバエが根絶したと宣言している。

余談だが、日本でのウリミバエ根絶達成の記念行事で沖縄まで来られたニップリング博士と僕がお話しできたのは95年である。不妊化法を駆使して根絶した南西諸島での偉業を素晴らしいと褒めていただいたことは、今でもうれしい想い出の一つとなっている。

アメリカ政府は、1960〜61年にマリアナ諸島のロタ島で、週に平方キロあたり3万匹以上のミカンコミバエ（ウリミバエではないことに注意）の不妊虫を放飼した。9か月で総数1億3000万匹もの不妊虫を放したが根絶にはいたらなかったため、前章にも書いたように、その後、ミカンコミバエは作戦をオス除去法に切り替え、63年には米国農務省によって根絶が宣言された。

一方、62年から63年には、ロタ島で約3億匹のウリミバエ不妊虫が放され、63年には根絶にいたった。これがラセンウジバエに次ぐ、世界で2番目の不妊化法による根絶事例である。このプロジェクトは、不妊化法がミバエ類にも有効かを試すために行われたものだったが、その後ロタ島には、島外から（観光客によって）ミバエに寄生された果実が持ち込まれ、今ではミカンコミバエもウリミバエも生息している。後に不妊化法はオーストラリアのクインスランドミバエ、サイパン島のミカンコミバエ、アルゼンチン、ニカラグア、そしてイタリアとスペインのチチュウカイミバエに対して試みられているが、いずれも根絶にいたらず、失敗している。

世界的に失敗が続いていた不妊化法に挑戦したのが日本だった。世界で３番目の、しかも世界で最大の面積での根絶への挑戦のはじまりだった。

前章でも少し書いたが、不妊化法は76年以降、小笠原のミカンコミバエに対しても実施されている。メチルオイゲノールに反応を示さない抵抗性を持ったオスが出現したと考えられたため、オス除去法から不妊化法に切り替えたのだ。開始から１年半ほどは効果が上がらず、放飼数の不足が考えられたため、78年５月からは放飼数を増やし、最終的には週７００万匹の不妊虫を航空機と地上の61か所から放飼した。その結果、聟島列島では78年９月、母島列島では80年９月、そして父島列島でも83年４月に果実から虫が見つかって以来、ミカンコミバエは小笠原から消えた。

小笠原諸島には、父島、母島、聟島の他に、西之島（にしのしま）、北硫黄島（きたいおうとう）、硫黄島、南硫黄島、南鳥島、沖ノ鳥島があるが、これらの島でミカンコミバエの発生はまったく見られていない。オス除去法と不妊化法を合わせて、根絶に要した期間は7年5か月だった。

さて話をウリミバエの不妊化法に戻そう。

北侵

キュラソー島での不妊化法によるラセンウジバエの根絶ニュースは、遠く離れた日本の農林省昆虫研究部門においても話題にあがりはじめていた。農林省の目玉事業の一つとして、沖縄の本土復帰に合わせ、宮古・八重山からウリミバエを不妊化法で根絶できないかと考えられていたからだ。ウリミバエはそのとき沖縄諸島には生息していなかった。この虫が日本ではじめて見つかったのは八重山諸島の石垣島で、1919年である。その後、29年には宮古島に侵入した。

宮古諸島で確認されて以来、長い間ウリミバエの北上を許さなかったのは、琉球政府で働く植物検疫の職員が、水際でミバエ類の持ち込み侵入を食い止める仕事に携わっていたおかげである。

キュラソー島でのラセンウジバエの根絶や、ロタ島でのミバエ類の根絶と、すでに実績のあった不妊化法であったため、宮古・八重山でのウリミバエ根絶の前途は明るいように思えた。しかし、ウリミバエの猛威は凄まじかった。

宮古・八重山での根絶に先立ち、70年に沖縄諸島にはウリミバエが生息していないことを確かめる調査が行われた。ウリミバエにはオスだけを特異的に誘引するキュールアという剤がある。この剤と殺虫剤をしみ込ませた罠を５８０か所に仕掛け、生息分布調査が開始された。

ところがウリミバエが生息していないことを確認するための調査は、関係者を驚かせる結果となった。いないはずの久米島で３６７匹ものウリミバエが罠にかかったのだ。あわててウリ畑を調べると幼虫も見つかった。久米島ではすでにウリミバエが蔓延していたのである。

さらに72年９月には、沖縄本島の北部に仕掛けた罠にもウリミバエが見つかり、その年の12月までに、あっという間に沖縄本島全域に敵は蔓延してしまった。しかし、それだけでは終わらなかった。

半端ではない繁殖力を持つこのミバエは、73年には与論島、74年には徳之島、そして奄美大島、喜界島に次々に侵入し蔓延した。さらに75年には南北大東島にまで分布を広げた。

久米島でウリミバエの北上を食い止めるという国の計画は足元から崩れ去った。このまま北上を許せば、ウリミバエは九州に上陸し、本州の農作物までも破滅に追いやりかねない。もはや沖縄の復帰対策どころではなくなった。農林水産省と沖縄県及び鹿児島県は、北上するウリミバエを南西諸島から1匹残らず根絶する覚悟を決めた。これほど広範囲に広まった害虫を不妊化法を使って根絶を目指した国はどこにもなかった。まさに世界初の大規模根絶作戦がはじまったのだ。

前哨戦

不妊化法は、野に放った不妊オスが野生メスと交尾することで害虫を根絶させる方法である。ただしウリミバエでは不妊オスと一緒に不妊メスも放している。その理由は、放した不妊メスが野生オスと交尾することで、野生オスが野生メスと出会う機会を減らす効果が期待できるためだ。

久米島で根絶作戦を開始するにあたり、やらなくてはならないことは山ほどあった。まずウリミバエを大量に増殖しなくてはならない。野外で果実をエサとして育つウリミバエを人工的に飼育する技術を確立する必要もあった。しかも限られた空間で大量に飼わねばならない。

また、人工飼育して野に放した不妊オスが、野生メスとの交尾をめぐって野生オスに打ち勝つか、少なくとも遜色がないほど野生オスと競争してくれなくてはならない。不妊化のために強い放射線を浴びせると、メスをめぐる野生オスとの競争力が下がる。浴びせる放射線が弱いと不妊オスにならず、交尾したメスが産む卵が孵化する。適切な放射線の量も調べなくてはならない。試行錯誤の結果、70グレイが適正だと考えられた。野生メスをめぐって野生オスと対等に競争して交尾できるのか、野外における不妊オスの性的な競争力を事前に調べておかなくてはならない。

そのために久米島で不妊化法を試す前に、沖縄本島南部からボートで渡れる距離にある久高島(くだかじま)で1974年10月より、パイロット試験と名づけられた予備試験が行われた。久高島にたくさんの不妊虫を放して、不妊オスが野外でも実際に野生メスの交尾相手として働いているのか調べられたのだ。

不妊オスを放し続けた後、久高島で野生メスを網で捕まえては、1匹ずつ小さな飼育容器に入れて、卵を産ませた。その卵が孵化すれば野生オスと交尾した証拠だし、ほとんどのメスの産む卵が孵化しなければ、不妊オスが野生メスと交尾している証拠となる。不妊オスが放たれた久高島と、不妊オスが放たれていない那覇市内の双方から野生メスをたくさん捕まえて産卵させ、卵の孵化率が比べられた。

その結果、不妊オスを放していない那覇で捕まえたメスの卵は5割から8割は孵化したが、久高島の野生メスが産んだ卵は7％しか孵化しなかった。つまり久高島に放した不妊オスは、野生オスとの交尾をめぐる競争力を持ち、十分にメスと交尾できていることが確認できた。

根絶対策チームは、こうしたいくつもの課題に、ひとつひとつ取り組んで、順々に目の前に迫る問題を解決していった。そして、それらの結果のほぼすべてを英語論文として公表した。まるで見てきたかのように僕がこの本を書けるのも、公表された論文が残されているためである。

久米島戦

野外に生息するウリミバエの数があまりに多いと、いくら不妊虫を撒いても、不妊オスは一定の効果を現せない。不妊化法が他の害虫防除法と著しく違う点がある。農薬や天敵などの防除法は、野外に生息する害虫の個体数が多いときほど、その効果を発揮する。不妊化法はその逆で野生の害虫の数が少ないときほど、その効力を発揮できるのだ。

久米島では1972年から74年に、ほぼ全島にわたり罠を仕掛けてウリミバエの分布調査が行われた。野生虫の密度が高い地域がわかると、不妊虫を放す前に、メス成虫が体内の卵を成長させるために好んで舐めに来るプロテイン剤と殺虫剤を混ぜて撒き、その密度を下げる取り組みが行われた。これは密度抑圧防除と呼ばれる。

さらに野外に生息するウリミバエのおよその数がわからないと、放すべき不妊虫の数も決められない。そのため、ペイントマーカーで不妊虫の背中に一匹一匹マークをつけて(写真2-1)放し、一定期間の後、罠にかかったマークのついた成虫と無マークの成虫を調べ、その割合から野外に生息する個体数を推定した。この手法は古くから生態学で確立された方法で、専門用語で標識再捕法と呼ばれる。調査の結果、久米島には250万匹ものオスのウリミバエが生息していると算定された。

その間に虫を増産する体制も整えられた。当初、ウリミバエの分布していた八重山と宮古だけを根絶する計画だったため、ウリミバエの増殖施設は石垣島に作られた。飼育するためのさまざまな技術は改良を重ね、久米島のウリミバエを根絶できるだけの数を増殖で

2−1　ペイントマーカーでマークを背中に付したウリミバエのオス

きるようになったのは74年11月頃だった。週に100万匹のウリミバエを増殖することに成功したのだ。
75年2月から、いよいよ不妊虫の放飼がはじまった。地上では、研究員たちが久米島に170個の放飼用のバケツを設置した。現地にはミバエ対策専門の県の職員が駐在した。この職員は、後に農業改良普及所で僕の先輩になったので、当時の苦労話もよく聞いた。久米島に空輸されてくる不妊虫を、雨が降ろうが台風が来ようがバケツに入れるため駆け回り、罠にかかったウリミバエを毎週、回収しては那覇のミバエ根絶チームに送ったという話を懐かしそうに語ってくれた。根絶チームは、久米島のどのエリアにウリミバエが分布しているのか、逐一解析を行った。

ところが76年の初夏頃まで、罠にかかる野生虫の数が思うように減らない。いろいろな可能性が検討されたところ、放飼するウリミバエの数が足りないのが原因だとわかった。このとき、沖縄県農業試験場主任時代の伊藤嘉昭が抜擢(ばってき)し研究者に育てた若手研究員の活躍が功を奏した。飼育データを解析し、飼育施設の綿密な温度管理を変更することで、増殖虫の数を週に200万匹にまで増やすことに成功したのだ。

その間に台風が来て停電してしまう危機もあった。停電で温度が上がると、せっかく育てたウリミバエの幼虫はすべて死んでしまう。嵐のなか、彼らは飼育施設に手動の電源装置を運び込み、幼虫が死なないように徹夜で見守り続けた。ウリミバエの幼虫は発育するときにアンモニア臭を出すので、飼育施設のなかは鼻がひんまがるほどの臭いで充満する。当時、ウリミバエにまみれて増殖に奔走した研究員は、後に全国放送されたメディアのインタビューで次のように誇らしげに答えている。

「仕事が終わり家に帰ると虫の臭いで臭いと妻に言われるが、これが自分の仕事だと胸を張って言う。これで飯を食っているのだと」

停電や臭いに耐えた彼らの努力は実を結び、増産の効果はまたたく間に現れた。そして

76年6月から7月にかけて、久米島のウリミバエの数は激減した。8月には島で採れるウリ類の果実からウリミバエの幼虫が見つかることもなくなった。

その年の10月以降、罠にかかるウリミバエはゼロが続き、77年9月21日、農林水産省は「久米島のウリミバエは根絶に成功した」と発表した（根絶宣言は翌78年9月1日）。

プロジェクト事業として実施された久米島で根絶が成功すると、いよいよ次は、本丸の沖縄諸島や、八重山諸島と宮古諸島での根絶である。

大規模戦への備え

まず土地が比較的フラットな宮古諸島と、ジャングルで山もある石垣島・西表島とで生息するウリミバエの数がどれほどかを調べておく必要があったため、背中にマークをつけたウリミバエを野に放った。再び、標識再捕法の出番である。罠で回収した虫のマークの有無から、各島に生息するウリミバエの数が推定された。

すると宮古島には３４００万匹ものウリミバエの生息が推定されたのに対して、亜熱帯雨林に覆われた石垣島はわずか１４０万匹しか生息していないことがわかった。石垣島と宮古諸島は、どちらもだいたい２万２０００ヘクタールで、その面積はほぼ同じである。

2-2　オキナワスズメウリの果実

2-3　那覇市に建設されたハエ工場

ウリミバエは、ジャングルのなかではなく、人の暮らしている比較的オープンなスペースに生える木々に巻きついて成長するオキナワスズメウリ（写真2-2）やカラスウリなどの野生のウリ類の果実に多くの個体が繁殖していた。これで根絶の方針を立てることができた。

沖縄県全域からウリミバエを根絶するには、週に1億匹以上の成虫を生産しなくてはならないという生産目標が決まった。この数字をもとに、ウリミバエを大量に増殖する新たな工場の建設がはじまった。今でも稼働しているその工場は、那覇市首里の南にある（現在は沖縄県病害虫防除技術センターの施設）。3階建ての巨大な建物で（写真2-3）、一番奥の3階建ての建物がミバエの増殖施設、その手前に照射する施設、さらにその手前に2階建ての事務所がある。

全体を運営する県職員、飼育を担当するパートタイムの職員、施設のメンテナンスを請

2−4　ハエ増殖工場の1階ではでウリミバエの幼虫を育てている

け負う委託会社の職員たちを合わせて60名以上が働き、ウリミバエの大量増殖はスタートした。

　では、ハエ工場の中をのぞいてみよう。

ハエ工場

　1階は幼虫の飼育スペースだ。虫の飼育過程がすべて機械によってオートメーション化され、自動的にウリミバエのエサの入った学校給食用の黄色のトレイが機械の上を進んで行く（写真2−4）。その途中で幼虫のエサが注入され、次にトマトジュースに混ざった卵が分注される。卵を接種したトレイは25℃の室に積み上げられ、7日間保管される。

　7日目に、保管室に無数に設置されたパイプから水が噴出される。これは野外で暮らすウリミバエの生態を参考にしている。すなわち、幼虫は果実のなかで育つが、蛹は地中にいる。幼虫は成熟すると、蛹になるために地面にジャンプして土の中に潜る。動かない蛹にとっては天敵のいない地中が安全なのだ。

幼虫は、あるとき果実からジャンプして地面に飛び降りるのだが、いつジャンプしても良いわけではない。沖縄のカンカン照りの太陽の下、干からびた地面にジャンプした幼虫は死んでしまう。うまく地中に潜り込んで蛹になるには、いつ果実からジャンプすれば良いだろうか。

亜熱帯ではスコールがよく降る。スコールの後には、あちこちに水たまりができる。そのときにジャンプすれば、幼虫は高確率で水たまりにたどり着けるだろう。このハエの幼虫は4ミリほどだが、彼らは体を折り曲げて、その反動を活かすことで、なんと50センチほどもジャンプする能力を持つ。

雨の刺激でジャンプして地表に降りれば、この能力を活かして、水たまりに容易に飛び込めるだろう。幼虫は水の中にはいると仮死状態になり、3~4日ほど生きのびることができる。そして、水たまりが干からびれば地面にはクラックと呼ばれる地割れが生じる。幼虫はこの地割れから、地中に自力で潜り込んで蛹になると言われている。

増殖工場に設置されたパイプからの散水は、この虫の生態を考慮して取り入れられた技術である。これは昆虫増殖の際のほんの一例にすぎないが、つまり対象となる敵の行動と生態を知らずして虫の増殖はできないのだ。ハエ工場にはこのような技術が無数に取り入れられている。

1階でポンプにて集められたウリミバエの幼虫は（写真2－5）、リフトに乗せて2階に上げられる。2階ではパートタイムの職員が幼虫を網杓子（あみじゃくし）ですくっては、砂の中に入れる作業を続ける。プラスチック製のバットに入れた砂のなかで幼虫は蛹になり、25℃で10日間保管すると、砂の中の蛹は成虫になる準備が完了する。

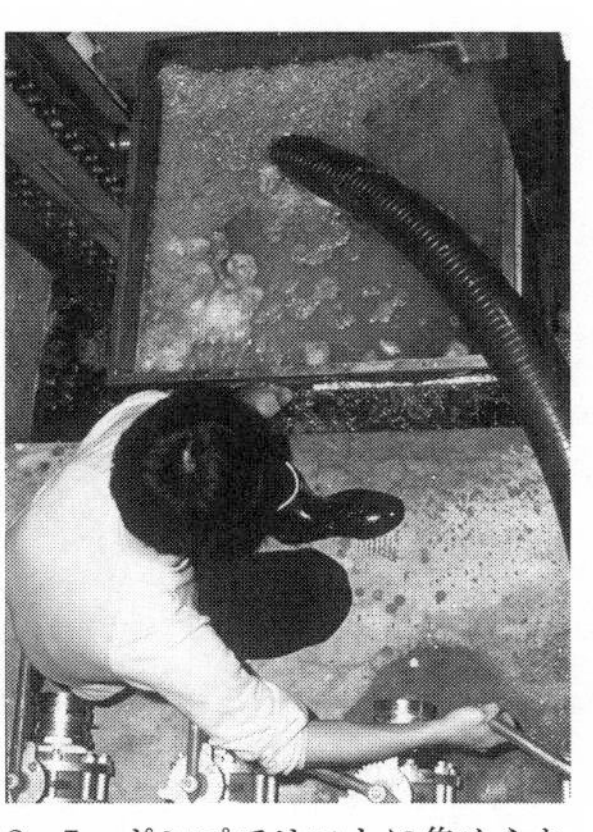

2－5　ポンプでリフトに集められたウリミバエの幼虫

ハエに休日はない

10日後に、砂と蛹を篩（ふる）いわけるために大きな篩（ふるい）が何台も準備される。わけられた蛹を、例えばタッパーに詰め込むと、自ら発する熱で蛹は死んでしまう。蛹による放熱を分散させる必要があるために、底を金網にした蛹保管用の板の箱が開発された（写真２－６）。この状態で蛹はいくつかの部屋にわけて保管される（写真２－７）。働いている方の出勤は月曜から金曜まで。土日は休日である。だがウリミバエに休日はない。飼育温度を管理しないとウリミバエは土日もかまわず羽化してくる。

そこでいくつも準備した蛹室の温度を、部屋ごとに変えて、曜日によって順次移動させていくのだ。これでウリミバエを月曜日から木曜日の間に羽化させるシステムを作ることに成功した。ウリミバエをばら撒くヘリコプターのフライトは、基本、水曜日と金曜日に決められている。そのため火曜日と木曜日に、蛹をコバルト60で照射する。

羽化数日前の蛹は、特別に設計された金網で囲まれた円筒形のシリンダーに入れられ、このシリンダーがコバルト60のまわりを一周する間に、すべてのウリミバエが不妊にされる。雌雄ともに不妊化されたウリミバエは、ベルトコンベアーによって運ばれる。一定期間保管し、成虫になったウリミバエは、ヘリコプターに積み込まれるまで、４℃の冷蔵コンテナに保管される。そして下面にローラーのついた箱（写真２－８）に入れられ、その箱を左右に取りつけたヘリコプター（写真２－９）から沖縄の空に撒かれるのだ。一つの箱には２００万匹のウリミバエが積み込まれる。１回のフライトで空から撒くウリミバエ

2−6　底を金網にした蛹保管用の板の箱に乗せられたウリミバエの蛹

2−7　保管庫に置かれたウリミバエの蛹（この段階でどの島に撒かれるか決まっている）

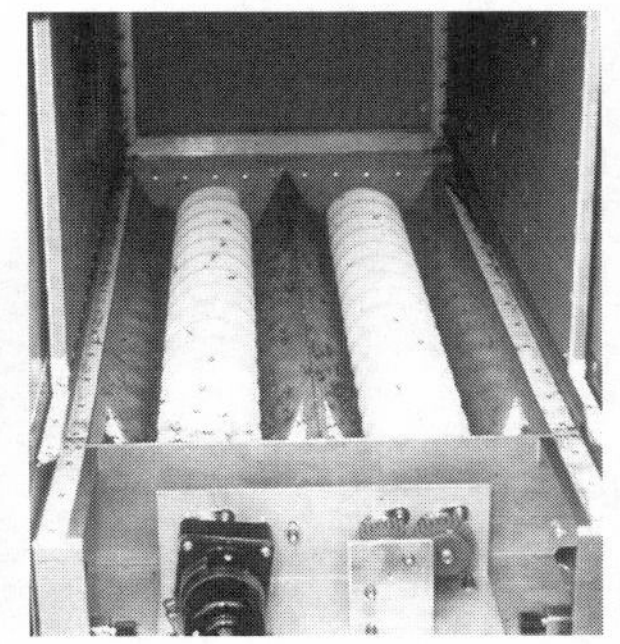

2−8　ヘリコプターに取り付けるローラーのついた箱（このなかに冷やしたウリミバエを入れる）

2−9　ウリミバエの入った箱を左右に取りつけたヘリコプター

の数は400万匹だ。

ウリミバエを増殖する工場は、1980年から4年をかけて建設された。総工費は約25億円という。もちろん国内の昆虫増殖工場としては最大だが、世界でも1、2位を争う規模だ。僕は大学院生のとき、先生に連れられオープンする前の工場を、とある平日の夕方に見学させてもらったことがある。自分がいずれこのプロジェクトに携わるようになるとは考えていなかった頃だ。まるで大手メーカーの食品工場のようなそのスケールの大きさに驚いた。

これからはじまる不妊化法大作戦を前にして、工場の中には戦闘前の緊張感が漂っている感じがしたのを、今でも鮮明に覚えている。ここで1億匹ものウリミバエが毎週作られるのか。そのときには、はじまろうとする新たな戦いの苦労など想像もせず、期待感と異次元な高揚感で胸が熱くなった。

宮古島での勝利

宮古諸島での根絶作戦は、もっともウリミバエの数が多い宮古島からはじまった。1982年から島でのウリミバエの数の調査がはじまり、翌83年10月から、不妊虫を放す前に野外の個体数を減らす作業がはじめられた。宮古島では特に野生虫の数が多かったため、プロテイン剤に殺虫剤を混ぜ、ウリミバエの多く生息していそうな場所に撒いた。メスはプロテインを舐めに来て死ぬので、その数が減る。

すでに述べたように、ミカンコミバエにはオスをすべて誘引してしまうメチルオイゲノールという秘薬があった。ウリミバエにもオスだけを誘引できるキュールアという剤が存在する。キュールアは誘引力も強く、オスのモニタリングに使うには十分に機能する。しかし、すべてのオスを誘引し尽くしてしまうほどの力はない。

後になって沖縄本島の北西部に位置する伊平屋島(いへやじま)で、キュールアのみでウリミバエを根絶できるのか実証試験が行われたが、この剤だけでは根絶はできなかった。とは言っても、オスの密度を十分に下げるにはキュールアは効果的である。そこで、キュールアと殺虫剤をしみ込ませた木綿ロープを数センチ単位にカットしながら、ヘリコプターから散布して野生オスの数も減らした。

なぜテックス板ではなく木綿ロープに切り替えたのか。予算の都合があった。テックス板と木綿ロープを使ったウリミバエの密度抑圧防除を久米島で比較した試験では、両者に差はなかった。このため予算が不足した当時は、より安価な木綿ロープを使わざるを得なかったのだ。また、こまめに散布できるため、木綿ロープは密度抑圧には適していた。
しかしその後は、木綿ロープよりもテックス板のほうがウリミバエをモニタリングできる剤の効果が長く続くということで、これ以降のウリミバエ誘引には、テックス板が使われている。

こうして野外でウリミバエの密度抑圧防除が徹底的に行われ、不妊虫の放飼が開始されたのは84年8月28日だった。那覇で不妊にされたウリミバエは民間の飛行機に積み込まれ、宮古島に移送された。那覇からヘリコプターを飛ばすには宮古・八重山は遠すぎる。そこで宮古島に、ウリミバエを撒くためだけのヘリポートが、ウリミバエ保管用の冷凍コンテナとともに作られたのだ。ここでも複数の現地作業員が働いた。こうして毎週3000万匹の不妊虫がヘリコプターで宮古諸島の林や畑に空からばら撒かれた。

沖縄諸島のウリミバエ根絶に備え、週に1億匹のウリミバエ生産を目指して着工された増殖工場は、83年3月には完成した。増殖を開始するにあたって、野外より約1万9800匹の蛹を採集して、大量増殖が開始された。入れ替わるようにミバエ研究室長の小山重郎は沖縄を離れ、次の室長が赴任する。この後、室長は3～4年で交代するようになる。

久米島と異なり、野生虫の数が多い宮古島では思わぬ問題が生じていた。野生虫の数の減り方に、地域によって大きなむらが生じたのだ。島の南部、下地町（現：宮古島市）ではいっこうに減らなかった。85年、減少しない事態に、ミバエ根絶チームは何度も現地に出向き、その原因を探った。すると、ウリミバエの減らない地域はウリ類の大産地であるため、野生虫の多さに対して、ヘリコプターから撒く不妊虫の数が足りないと考えられた。これ以降、野外でウリミバエのエサになるような寄主果実が多く、そのため野生虫も多い地域は、「ホットスポット」と呼んで対応にあたることになる。

　ホットスポットには、さらに大量の不妊虫が追加で放飼された。この作戦が功を奏し、86年の夏頃からウリミバエの数は激減した。そして87年1月に罠にかかった1匹を最後に、宮古島からウリミバエは消えた。

　防除をはじめた83年には、数十個の野生ウリの果実を採って来ても、1％程度の果実にウリミバエの幼虫が見られたのに対して、86年には月に3万個の果実を調べても、ほとんどウリミバエの幼虫は発見されず、87年にはいくら探してもウリミバエの被害はまったく報告されなくなった。

　87年9月に国によって根絶が確認され、11月12日には霞が関で公聴会が開催された。宮古諸島でも根絶が達成されたのだ。11月30日に根絶宣言が出された。

12月19日には記念式典が宮古島で盛大に執り行われた。めでたし、めでたしである。ところが、現場ではとんでもなくうまくいかない日々が続いたことが記録に残されている。

裏舞台

まず問題となったのは、１９８４年1月になっても宮古諸島に仕掛けた罠に不妊オスがあまり入らず、野生虫と同じ数くらいしか捕れないことだった。根絶するためには、野外にいるオスの少なくとも10倍くらいの数の不妊オスが活躍して、野生メスと交尾していなくてはならない。罠に不妊オスがかからないというデータは、宮古島に不妊オスがまんべんなく広がっていないことを示している。なぜ放飼した不妊オスが広がらないのか？

現地に運ばれた不妊ミバエがうまく飛んでくれないのか？　宮古島に運ぶ途中で何かアクシデントが起こってウリミバエが弱ってしまったのではないか？　それぞれの担当者が自分たちの作業を、そして他の人がこなしている作業を疑いはじめ疑心暗鬼に陥った。だが、現場主義を徹底的に教え込まれた研究員たちは、生産された不妊ミバエを工場から現場まで運ぶ過程に密着して調べた。そしてこの原因は、新しいハエ増殖工場で幼虫を飼う温度が上昇していたためだと考え、より順調に蛹が増えるよう温度管理を徹底した。これで問題は解決したかに思えた。ところが罠では不妊オスの捕れない日々が続いた。

そこでミバエ関係者が集まって議論する会議が立ち上げられた。虫を増殖する担当者、現場で不妊虫を放す担当者、関係する行政と技術者、そして研究者らが一堂に会する会議だ。虫の品質を検討するこの会議はＱＣ会議（ＱＣ：quality control）と呼ばれ、現在も続いている。

さて不妊オスが捕れない問題について、ＱＣ会議では侃侃諤諤（かんかんがくがく）の議論が続いた。ひとつひとつ工場の飼育工程を丁寧に調べた結果、砂のなかで蛹化した蛹を、砂からわけるため篩う作業を、蛹になってから3日目に行っていることが問題ではないかとわかってきた。

その理由を科学的に裏づけるために、研究員はウリミバエが蛹になってから何日目で、どの筋肉が形成されるのか調べようと解剖を繰り返した。その結果、蛹になって間もない時期に篩う作業を行うと、振動のため蛹期間に形成される翅（はね）の筋肉をうまく作れないことがわかった。

これが原因で、工場から飛行機で宮古島の放飼センターに運んだ不妊虫はうまく飛ぶことができず、罠にもかからなかったのである。蛹を篩う日を2日うしろにずらした結果、宮古諸島の罠に入る不妊オスの数は増えはじめ、翌年4月には野生オスの10倍の数が捕獲されるようになった。１億匹の飼育を目指してハエ工場をフル稼働させてみてはじめて明らかとなった問題だった。

次に課題となったのは、放した不妊虫の飛び立ちだった。

宮古島の上空、ヘリコプターから成虫を落とすために開発された冷却放飼装置に問題があるのではないか、との声があがる。この装置を開発した研究員はすぐさま宮古島に行き、撒いていたウリミバエの羽化率や、うまく飛び立てるウリミバエの数を丹念に比較した。

そして問題はウリミバエを冷却する過程ではなく、那覇の工場から宮古島に運んだウリミバエを羽化させるために入れておく箱の構造にあることを、さまざまな実験によって突き止めた。成虫が羽化した後、放たれるまで入れておく箱のなかで、ほとんどのウリミバエが死んでいたのだ。原因は箱のなかに十分な止まり場所がなかったこと、箱のなかに入れたエサの砂糖をうまく舐められずに、死んでしまっていたことだった。ウリミバエだって止まる場所とエサがないと、たちまち死んでしまうのだ。

そこでウリミバエを入れるダンボール箱の改良がはじまった。まず箱のなかに数十もの仕切りを作って、ウリミバエが止まれる場所の面積を増やした（写真２－10）。さらに仕切り面に砂糖を液で吹きつけてウリミバエが舐めてエサを取れるように羽化箱を改良した。

この改良によって、生存率やうまく飛び立つウリミバエの率が著しく向上し、この問題も解決した。

だが問題はこれで終わりではなかった。

81ページにも書いたように、宮古島では「ホットスポット」問題が浮上した。なぜ野生オスが減らないのか、つまりなぜ「ホットスポット」ができるのか？　議論に議論が重ねられ、二つの理由が論じられた。

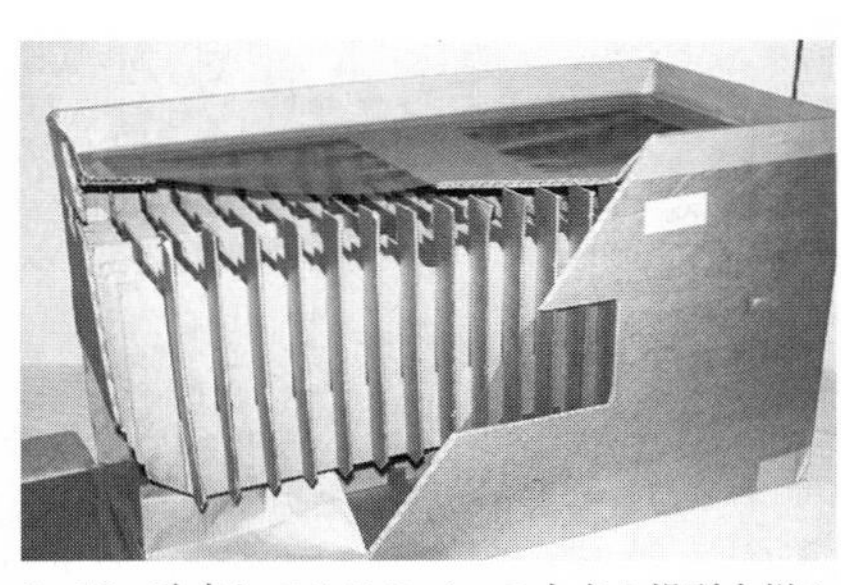

2－10　改良してウリミバエの止まる場所を増やしたダンボール製の羽化箱

一つは、久米島戦のために1979年以来、長い年月にわたって世代をつないで飼い続けてきた増殖ミバエの品質が劣化して、増殖した不妊オスが野生オスとの交尾競争に勝てない、つまり役に立たないウリミバエになっているのではないか？　という説である。これは何十世代も飼い続けると家畜化のような現象が虫にも現れて、野外に放してもうまく野生メスと交尾できなくなる可能性である。

もう一つは、宮古諸島全体で見れば、捕獲される野生虫の数は少なくなっているが、市町村別に詳しく見ると、場所によってばらつきがあるという説である。これは場所によってウリミバエの生息状況が異なるためだろう。

議論を重ねた末に二つの可能性のどちらにも対応することが決まった。第一の理由に対しては、宮古諸島から野生虫をたくさん採集して、増殖してきた飼育系統と切り替える作業がはじまった。

第二の理由に対しては、現場の状況を詳しく調査し、罠での捕れ方を比較することで、ばらつきの原因を探る試みがはじまった。野生オスがかかった罠の分布を見ると、島の北部ではほとんど捕れていない。しかし、島の南部の下地町ではたくさんの野生オスが捕獲されていた。この傾向は86年の1月になっても顕著になるばかりだった。

下地町では、ヘリコプターによる不妊虫の散布だけではなく、車に不妊オスを乗せて運び、研究員と作業員が総出で手作業の放飼を開始した。さらに罠にかかった虫の分布を詳しく調べると、下地町ではたった1個の罠に集中的に野生オスが捕れていることがわかってきた。そこで罠の数を増やして野生虫の分布を詳細に調査した。しかし、やはり野生虫の捕れるのは、ほぼその1個の罠だけだったのである。

何が起こっているのかわからないときは現場を見ろ。小山の考えが浸透していた現地部隊は、夏にはニガウリやヘチマなど、ウリミバエの好む野菜の栽培が下地町ではとりわけ盛んなこと、そして冬でも畑のまわりのヤブに野生のオキナワスズメウリがよく実っていることを確認した。そして問題となった罠は、やはりニガウリ畑とオキナワスズメウリの実のなるヤブの近くだったのだ。

地図の上だけで考えてあれこれ想像していたものの、現場に来ると一目瞭然でその原因が納得できたと、後に作戦部隊の職員は回顧している。

これ以降も、根絶作戦を展開するときに、いつも意外な原因が立ちはだかることになる。宮古島では蛹を篩う日の変更や、羽化箱の改良などによって、その後に放した不妊虫は、島のすべてのエリアに仕掛けた罠にまんべんなく捕獲されていた。これは不妊オスが宮古の全島に広がって、野生メスを探し交尾しようとしていることを示す。これが根絶につながった。こうして問題をひとつひとつ乗り越えて根絶にいたった関係者の感激はひとしおだったと思う。とにかく現場での諸課題は、常にQC会議で情報を共有し、問題を解決するシステムを構築したことが大きかった。

さて次は、いよいよ沖縄諸島での戦いである。

沖縄諸島戦

沖縄本島はその周辺に多くの離島を抱える。遠いところでは約400キロ東の沖合に南大東島と北大東島がある。まず沖縄諸島の全域に罠を仕掛けて分布を調べたところ、1985年時点でウリミバエは諸島の全域に広く蔓延していた。

工場では当初目指した増産の目標である週に1億匹のハエを生産できていたが、それでも一度に全域の根絶を目指すには不妊虫の数が足りなかった。そのため最初に沖縄本島の中南部を、その後に北部、そして南北大東島のウリミバエを叩くという方針が決まった。

86年5月から中南部地域で野生虫の密度を下げる作戦がはじまり、不妊虫を撒くための下地を作った。そしていよいよ86年11月、中南部で不妊虫の放飼がはじまった。

効果が現れたのは年が明けてすぐだった。87年1月の罠の調査では南部・中部で徐々にウリミバエは減っていた。しかし、その減り方には、宮古島と同様に、地域によってばらつきが見られた。沖縄諸島でもウリ類の栽培が盛んな地域があり、野生ウリ類が多く繁茂する場所がある。

86年の11月には北部でも野生虫の密度を下げる作戦がはじまり、翌87年3月には不妊虫の空中散布が北部でもはじまった。
88年1月には、遠く離れた南北大東島にまで不妊虫を放す対象地域を広げた。大東島は那覇からヘリコプターを飛ばすにはコストがかかりすぎるため、定期便の民間飛行機で蛹を運び、県職員と村役場職員らが手で、冷却したウリミバエの蛹を地上で撒いた。このとき、大東島まで蛹を冷却して運ぶための装置も開発された。その頃、すでにウリミバエを根絶した宮古島では、八重山からのウリミバエの再侵入防止のために不妊虫を撒いており、工場はその最大生産数を週2億匹までのばし、全生産能力をほぼすべて出し切って稼働していた。

根絶作戦は順調に進み、沖縄県の最大人口を誇る那覇市を含む中南部の市街地ではウリミバエの数が減った。ところが88年、南部の糸満地域、海洋博覧会のあった北部の本部(もとぶ)町(ちょう)(伊江島・伊是名島(いぜなじま)・伊平屋島を含む)、そして中部の嘉手納町(かでなちょう)と勝連(かつれん)半島の4か所でウリミバエは思うように減らなかった。ここでも「ホットスポット」が出現したのだ。

ひとつひとつ見ていこう。南部の糸満市は、ゴーヤー、ヘチマ、スイカなどウリ類の一大産地で、第二次世界大戦で焼き尽くされたなだらかな丘陵地には大きな木が生えず、生い茂る低木のギンネムに巻きついた野生のスズメウリ類が繁茂していた。つまり寄主植物の宝庫である。宮古島と同様、防除の困難なホットスポットとして浮かび上がった。

そのため県の主要メンバー十数名を中心として、その指揮下に虫の生産や現場での防除を委託された100名を超えるまでに拡大した根絶対策チームは、ヘリコプターによるウリミバエの空中散布に加え、地上での手撒きによる放飼も広域的に展開した。もはや人海戦術と空中戦術の総動員となった。その甲斐あって88年には野生虫がゼロの地域が増え、最後に残った糸満市も12月にはウリミバエはゼロになった。

次に、本部町と伊江島・伊是名島・伊平屋島もウリ類栽培の盛んな地域だったが、不妊虫を徹底的に追加放飼し、ここでもウリミバエは順調に減り続けた。

しかし、それでもなおウリミバエの減らない地域が二つあった。嘉手納町と勝連半島だ。

戦の詰め

沖縄本島中部に位置し、東洋最大と言われる米空軍基地のある嘉手納町では、ウリミバエの減り方が鈍かった。

その理由は明白だった。米軍が、嘉手納飛行場と嘉手納弾薬庫の上空を、不妊虫を放つヘリコプターが飛行することを拒んだからである。ちょうど当時、僕は嘉手納町担当の農業改良普及員として、町役場の方々と一緒に働いていた。弾薬庫地区には黙認耕作地がある。米軍基地の敷地内だが、地権者による土地の耕作が「黙認」されている土地で、僕はこれらの土地における農業指導とウリミバエの寄主果実の調査も担当していた。

当時のミバエ根絶チームの行政担当者は、米軍に直接粘り強く交渉した。すると米軍のなかに沖縄県のミバエ根絶プロジェクトに理解を示してくれる生物学専門の担当者が現れ、司令部トップとの交渉にあたってくれた。不妊化法は、なんといっても米国農務省のニップリング博士が発案した根絶法である。米軍の生物学者の対応は早かった。沖縄県の要請を聞き入れ、時間帯などの制限付きで嘉手納基地の上空を不妊虫を乗せたヘリコプターが飛ぶことを許可したのだ。そして1989年には、嘉手納町でもついにウリミバエは根絶された。

しかし、米軍基地の上空でさえも実現できたヘリコプターによる空中散布に、唯一、どうしても許可が下りなかった空域がある。それが勝連半島だった。半島は沖縄本島中部（現：うるま市）の東海岸で、観光地である伊計島（いけいじま）の近くにある。半島から道路でつながった島にある民間会社の石油備蓄タンク群の上空は、どれだけ交渉しても、ついにヘリコプターを飛ばすことはできなかった。万が一のリスクを考えれば当然ではある。そのため、この地域一帯のウリミバエはいっこうに減らないのだった。

沖縄諸島のほぼすべてでウリミバエが根絶されるなか、勝連半島でのみ野生のウリミバエは生き残っていた。周辺のうるま市や、隣接した離島群にはヘリコプターからウリミバエを撒いているので、そこからタンク群地帯にも自力で飛んで行きそうなものだし、石油基地の敷地内にウリ類は栽培されていないはずだ。なぜ減らないのか？

当時、沖縄県の中部普及所に農業改良普及員として勤務していた僕は、ミバエ根絶チームのメンバーと連携して、現場に出向いてみた。すると石油基地の周辺は、この島の周囲を走る道路から海に向かって崖が続いており、その斜面の一面にウリミバエの大好きな野生の寄主植物、オキナワスズメウリの葉っぱが、まるで馬鹿でかい絨毯（じゅうたん）のように敷き詰められていて、果実が豊富に実っていた。

原因はこれだ。

早速、県はこの地域での不妊虫の手撒きによる追加放飼に取り掛かった。

抵抗性のメスの出現

ここで当時、危機的な問題に発展しかねなかった大学と県のバトルの舞台裏を少し紹介しよう。「薬剤抵抗性」という言葉をご存じだろうか。生命は進化し続ける。コロナウイルスと同じく、次々と変異が生じるのは当たり前だ。そこで農薬の話である。夏になると害虫が増える。増える勢いが凄まじいと、人は農薬の散布に頼らざるを得ない。すると必ず問題になるのが、農薬に抵抗性を持った害虫、つまり変異体が現れて農薬が効かなくなることだ。これが薬剤抵抗性である。

抵抗性を持った害虫が蔓延すると、農薬会社は新しい農薬の開発に資本を投資する。やっと開発された農薬もまた撒き続けると、それに対して抵抗性を持った変異体が現れ、多くのケースで害虫の抵抗性獲得と新たな農薬開発の「いたちごっこ」がはじまる。

この「いたちごっこ」は、農業害虫の話だけではない。病院の中で抗生物質に抵抗性を持つ病原菌（薬剤耐性菌）が出現し、新たな抗生剤を投与しなくてはならなくなる院内感染菌もまた、製薬会社による新薬の開発と病原菌による抵抗性獲得の「いたちごっこ」の結果である。新型コロナウイルスの変異株もしかりであった。

ウリミバエの根絶は、薬剤抵抗性のような駆除する側と駆除される側との「いたちごっこ」が生じない完璧な駆逐法だと、当初は誰もが考えていた。そして不妊化法は、環境に優しい害虫防除法として一躍世界的に有名になった。

しかし、その華やかな表舞台の裏で、野生メスが密かに進化し、不妊オスに対する抵抗性を持っていたことを示唆するデータがあることは、ほとんど知られていない。

琉球大学に転職し、僕が師事した岩橋統は、研究員とともになかなか減らない勝連半島のウリミバエのメスを採集し、そのメスが増殖した不妊オスと野生オスを見分ける能力を進化させていないかを、大学内に設置した野外ケージで調べた。

ミバエを大量に何世代も飼いつないでいると、形質や行動が野生虫と変わってしまうことがわかっている。不妊オスを放し続けると、野生メスのなかに、飼いならされたオスと野生オスを識別できる個体が出現するのではないかと危惧したのである。

勝連半島にいるメスを採集して調べたところ、不妊オスと野生オスを見分けることのできる野生メスが半島に出現したことを、当時のデータは示している。不妊オスとの交尾を避けるメスが野外で進化した――。不妊オス抵抗性を持ったメスの出現である。この事実は関係者を震撼させた。たくさんの野生オキナワスズメウリの群落の存在に加えて、この地域では、不妊オス抵抗性が進化した可能性もあったのだ。

連日の手撒き作戦

勝連半島には、さらに大量の不妊オスを放つことが決まった。ただしこの地域には、先にも述べたように、石油コンビナートがあり、ヘリコプターを飛ばせないため、沖縄県のウリミバエ対策本部がとった手段は人海戦術だった。

来る日も来る日も、大量の不妊蛹を衣装ケースに詰めて車に乗せ、現地に運び、人の手で蛹のまま撒き続けた。蛹は現地で羽化する。大量の不妊オスでその地域が満たされれば、不妊オスを見分ける能力を持ったメスとて、野生オスに出会えないという論理である。この作戦は功を奏し、ようやく1990年には勝連半島からもウリミバエを駆逐できた。これで沖縄諸島の全域からの根絶が見えたのだった。

このことから関係者が学んだ大切なことが一つある。敵を駆逐するには、「大量の不妊オスで、一気に野生メスを囲い込み、即時に1匹残らず駆逐してしまわなければならない」ということだ。野生メスに不妊オスか野生オスかを見分けさせる時間的なゆとりを与えては、抵抗性の反撃にあって作戦は失敗するのだ。

たいていの変異は、抵抗性とは関係のない小さな変異であるのは確かだろう。けれども、変異はランダムに生じるのだから、ウリミバエのメスが、オスのある形質を好む変異が生じる可能性も否定できない。進化の目がその突然変異を見逃すはずがなく、瞬く間に抵抗性を持った変異体が蔓延する恐れがある。

琉球大学の岩橋らの研究は重要な可能性を教えてくれたが、県はウリミバエが最後まで残ったホットスポットには、一気にたくさんの不妊虫を追加放飼することで根絶が達成できることを学んだ。こうして大学と県のバトルは事なきを得た。

勝連半島でもウリミバエを駆逐でき、1989年の1月以降、沖縄諸島でどれだけたくさんのウリ類果実を採ってきても、被害は見当たらなくなった。そして90年7月には、沖縄で1匹の野生虫も罠にかかることがなくなった。

90年6月から国による根絶確認調査がはじまった。10月16日には公聴会が霞が関の農林水産省で開催され、11月7日には根絶記念のお祝いが盛大に行われた。この年の4月1日に僕はミバエ研究室に異動となり、沖縄諸島の駆除確認調査に参加して、その最後を見届けた。残るは八重山だけだ。

最後の聖戦

八重山での根絶作戦に備え、僕が根絶対策チームのメンバーとして最初に行った仕事は、八重山諸島の各地を回って寄主植物の分布を調べ、さらに八重山に放した不妊オスが野生メスと交尾できているか、つまり性的競争力があるかを石垣島で調査することだった。ミバエ捕獲専用の小さな捕虫網を使って八重山で野生メスを捕りまくり、八重山のメスの産んだ卵が孵化しないか、つまり不妊虫と交尾できているかを、石垣市駐在の国の職員の方々と一緒に調べた。その結果、八重山に放した不妊虫の性的競争力には何の問題も認められないというデータを得た。このデータを裏づけるように、八重山での根絶作戦はとても順調に進んだ。１９９０年2月にはじまったウリミバエの不妊虫の放飼から、わずか１年半後の92年7月には、罠にかかる野生オスはゼロになった。

台湾にもっとも近い八重山諸島では、その後92年6月と93年6月に、それぞれ１匹のオスが見つかったのを最後に、ウリミバエが見つかることはなくなった。寄主果実の被害調査も90年の冬以降は徹底的に行った。91年の5月までは、１万個の果実を採集すると10個から１００個はウリミバエの幼虫が入っていたが、91年6月以降、どれだけたくさんの果実を採集してきても、ウリミバエの幼虫が見つかることはなかった。このとき採集した果実は夏場に5万個から8万個にのぼる。冬場でも2万個程度を毎月調べたにもかかわらず、ウリミバエの被害は見られなかった。八重山ではホットスポット問題が生じることもなく、一気にウリミバエは消え去った。

県による調査を受けて、93年7月13日から4日間、国による八重山諸島での駆除確認調査が行われ、ウリミバエの根絶は確認された。10月8日には霞が関で公聴会が実施され、11月10日に石垣島で根絶記念式典が盛大に行われた。

短期間にウリミバエの根絶に至った八重山諸島だが、現場の調査は大変なものだった。第1章のミカンコミバエの根絶でも書いたが、西表島には亜熱帯雨林のジャングルが広がっている。また海岸沿いでは、干潮のときに何時間もかけて歩かなければ到達できない場所でも罠の調査や果実の調査が行われた。炎天下、長い時間、山を登ったり海岸をひたすら歩いたりして調査を進めた当時の職員たちの苦労は大変なものだった。

そのような苦労の末、20年以上の歳月と204億円の費用を投じて、不妊化法によって南西諸島からウリミバエは根絶された。正確には、尖閣（せんかく）諸島を除く日本領土からウリミバエを駆逐できたと言わねばならない。その間、野に放った不妊虫の数は530億匹を超えた。

そして根絶が達成された今でも、日本の最西端に位置する八重山諸島を中心に、東南アジアなどミバエ類の発生国から侵入してくるウリミバエの予防的な防除のため、毎週100万匹を超える不妊虫をヘリコプターから撒いて、再侵入に備えている。

ニップリングの教え

ウリミバエを根絶して、不妊化法は国内でも有名になった。この成功を受け、当時ミバエ研究室で働いていた僕は、一般の方からよく相談を受けたものだ。

「沖縄には猛毒のハブが生息している。この厄介な生物を、不妊化法を使って駆除できないですかね？」

ハブだけではない。沖縄の夜の街を飛び回るゴキブリ（沖縄のゴキブリはよく飛ぶ）、厄介な蚊を不妊化法で根絶して欲しいという相談もあったし、あるときはアメリカ人の主婦から台所にいるコバエを根絶して欲しいという悲痛なメールも受け取った。

本書の冒頭にも書いたが、もう一度記しておこう。日本で根絶に挑んだ害虫は、すべて海外から日本に入った侵略的外来種である。これは大切なポイントだ。もしも蔓延を許せば、日本の経済を壊滅的に破壊させることが明らかな特殊害虫だけが、根絶という目標をもって駆除されたのである。

最近、環境省もヒアリやコカミアリ（中南米原産）などの根絶を目指しているが、いずれも外来生物である。もし蔓延すると、公園でシートを広げ家族そろってお弁当を食べるという日常は危険なものになるだろう。また同じく外来生物のアルゼンチンアリが蔓延すれば、日本在来のアリ類の生息が危機に瀕し、在来アリ類で構築されてきた日本の生態系がどれほど変わってしまうのか、その予測は難しい。

一方、ハブやゴキブリは許容水準を超えるほど経済的打撃を与える外来種ではないので、駆除の対象にしてはいけない。

ではここで、不妊化法の原点に立ち返って、同法の産みの親であるニップリング博士が1964年に述べていた不妊化法を虫に用いる場合に前提となる主な六つの条件をおさらいしておこう。

（1）性的競争力を著しく低下させずに対象害虫を不妊化できること。
（2）大量増殖が可能なこと。
（3）野生虫の低密度時のモニタリング法があり、不妊化法が効力を発揮するレベルまで野生個体群の密度を下げられること。
（4）対費用効果が保証されていること。またもし保証されていなくても、それだけの環境条件があること。

（5）根絶の状態を維持できる条件（再侵入対策）のあること。
（6）放飼した不妊虫が野外で悪影響を及ぼさないこと。

アメリカのサニーベル島で最初のラセンウジバエ根絶作戦が失敗したケースでは、5番目の条件（再侵入を阻止できる）を満たしていなかった。しかし、5番目の条件を覆して根絶に成功した日本の偉業もある。それをニップリングの条件を覆す快挙だと僕は考えているが、それについては、第4章で紹介するのでしばらくお待ちいただきたい。

3番目（根絶を見込める程度まで野生個体群の密度を下げる）の条件がそぐわないために、根絶が頓挫、あるいは果てしなく困難に追い込まれた事例については、次章と第6章で詳しく語りたい。

ウリミバエの日本への侵入経路

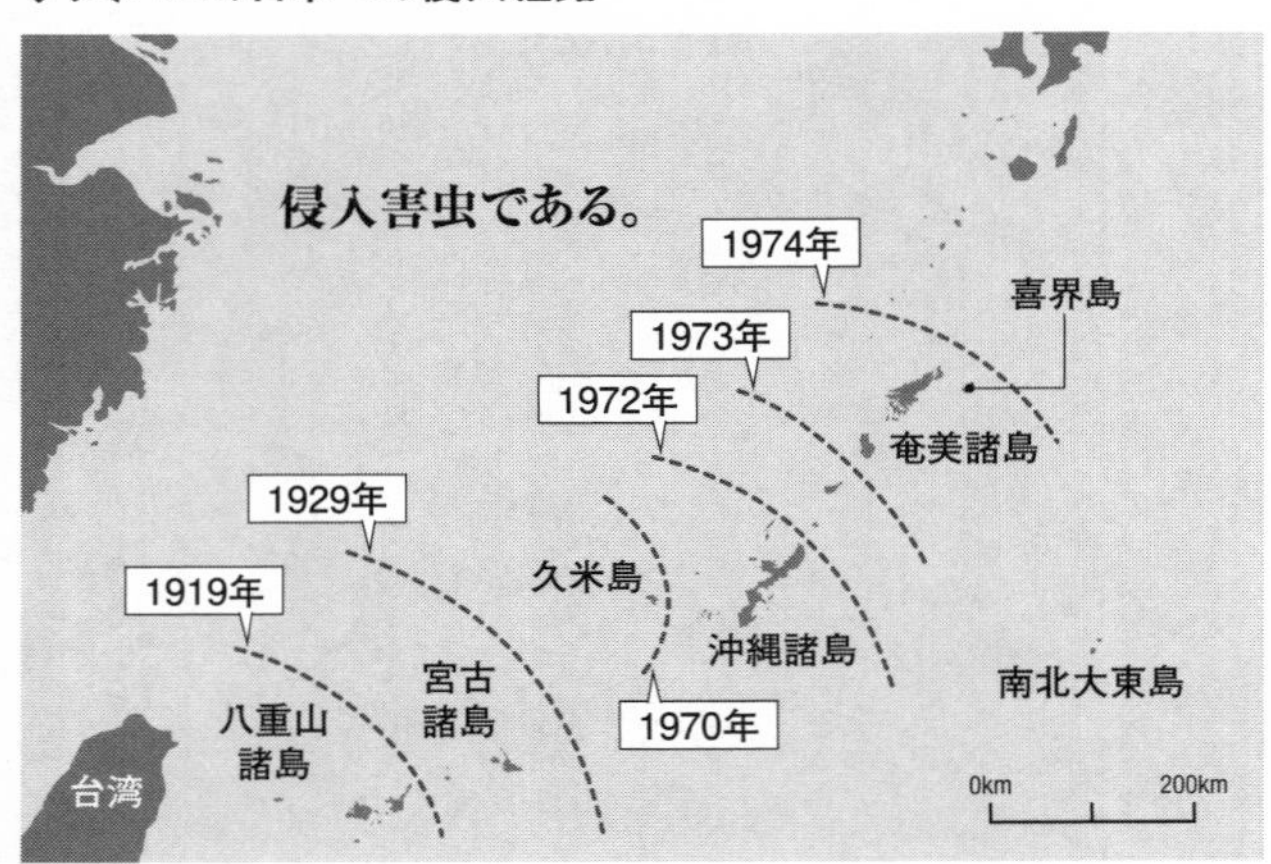

ウリミバエ根絶の歴史

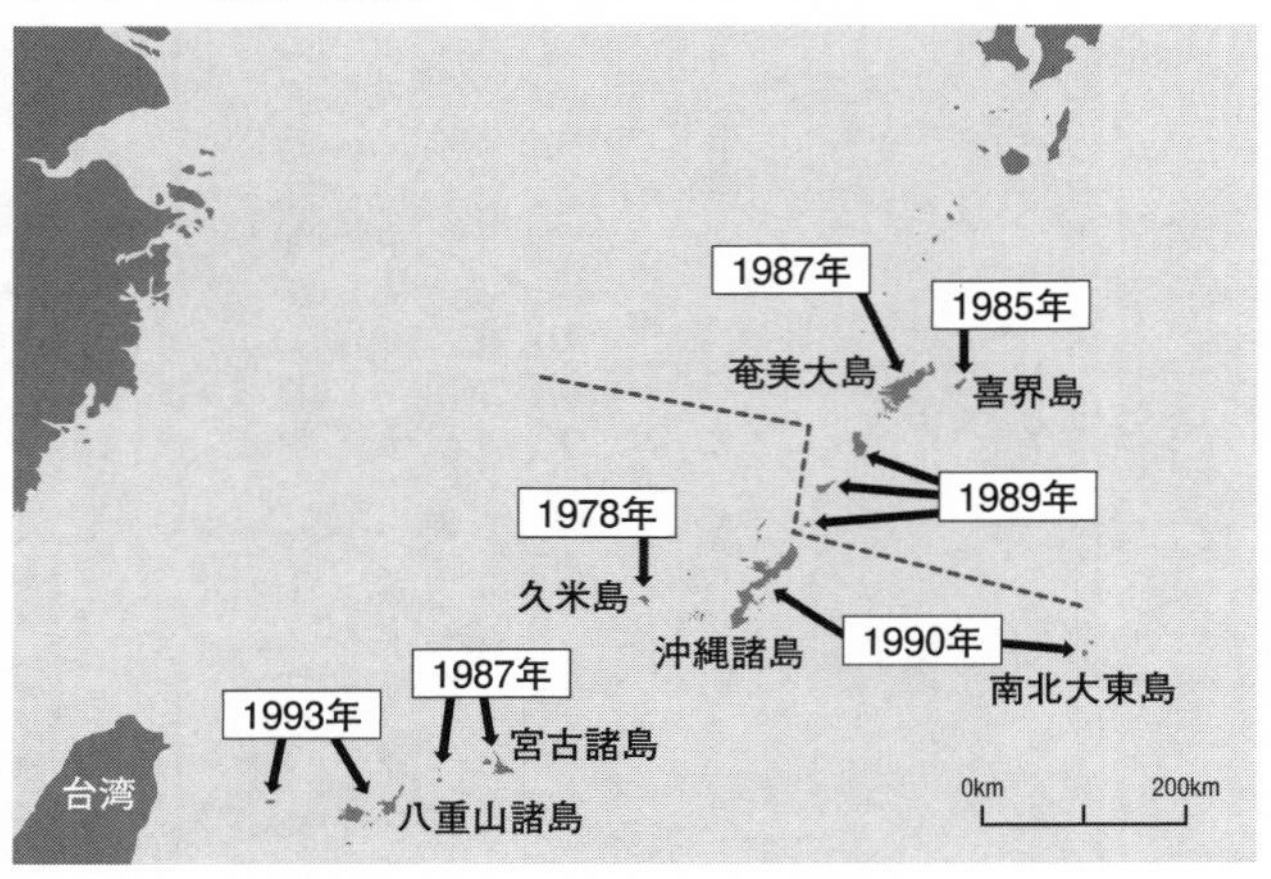

第3章　エサを駆除して根絶

1993年、ウリミバエをわが国から根絶できた。ここまで語ってきたミカンコミバエとウリミバエの根絶は、これまでもいくつかの一般書が出版されている。また、NHKのドキュメンタリー番組「プロジェクトX」などのメディアでも紹介されたので、年配の方はご存じの方も多いだろう。ウリミバエは93年に根絶が確認されて以来、南西諸島で複数の成虫が捕獲された事例はない。

では、その後、根絶事業はどうなったのだろうか？　これは一部報道を除けばあまり伝えられていない。実はミバエ類をはじめとした特殊害虫をめぐる駆逐作戦は、今もなお続いている。

本章ではウリミバエ根絶後に、関係者が直面したさまざまな困難について紹介する。それは海外から再び日本に侵入してくるミバエ類の定着を警戒しつつ、新たに根絶事業の目標となったサツマイモを加害する侵略的外来種のゾウムシ類の根絶を成功させるという、終わりなき戦いのはじまりだった。

火事がなくても消防署はなくならない

1993年10月、日本でのウリミバエ根絶を宣言したことで、この事業が終わるわけではなかった。沖縄県民をはじめ日本国民の多くは、南西諸島からウリミバエを根絶したので農業は守られた、これで終わったと考えていたかもしれない。しかし、伊藤嘉昭や小山重郎は十分に承知していた。本当の戦いはこれからだ、ということを。

ウリミバエの根絶は、いったん駆逐すれば終わりというものではない。海外からのミバエ類の再侵入を常に警戒する体制を国として維持しなくてはならない。しかし、財務省的な感覚からすれば、一度根絶した虫に対しては事業が完了したのだから、予算を大幅に削るのは当たり前だろう。

だが「火事がないから消防署はいらない」、と考える人はいない。いざ再侵入が生じたときには、すぐにも再根絶できる体制を国として整えておくのは必然だ。そうでなければアメリカ政府が根絶の実証実験として行ったロタ島のように、ミバエたちがすぐに再侵入し蔓延するのは火を見るより明らかだ。

特に与那国島は地理的に東南アジアに近い。台湾は目と鼻の先である。台湾や東南アジアにはミバエ類がたくさん生息している。与那国を含む八重山諸島は再侵入の恐れがもっとも高い。そのためミバエ類の根絶後も、南西諸島にはウリミバエの誘引剤であるキュールアやミカンコミバエの誘引剤であるメチルオイゲノールを殺虫剤と混ぜた罠が、各市町村にまんべんなく仕掛けられている。これらの罠は、ミバエ類が生息しそうな場所の樹(き)の枝に吊り下げられ、市町村の職員と県農林水産部の職員が連れ立って、2週間に一度、かかった虫を回収して、ミバエ対策本部に輸送する仕組みが今もなお続いている。

終わりなき戦いへ

この警戒作業を未来永劫(えいごう)続けなくては、再侵入を早急に察知することは不可能である。岡山大学に赴任した僕は、中国地方の県職員と関わりを持つようになって知ったのだが、ミバエ類発見用の罠は、南西諸島だけでなく、日本のすべての各都道府県あたり、基本2か所に設置されている。これは重要病害虫の特別防除事業として実施され、岡山県の場合は4月から11月にかけて毎年16回の調査が行われている。

同じ調査が全国の都道府県で実施されており、もし侵入を警戒すべきミバエ類が罠にかかったら、すぐに国の検査機関である植物防疫所に届ける体制が確立されている。さらに港湾にある国の植物防疫所の出先機関にも罠は設置され、まさに全国規模でミバエ類の侵入警戒が続いているのだ。

また全国の空港と港湾では、海外から観光やビジネスで持ち込まれる果実や野菜のチェックが実施されている。空港などで野菜などの持ち込みに注意書きがされているのを見たこともあるのではないだろうか。多くの行政職員が日夜、ミバエ類をはじめとする侵入病害虫から日本の農業を守るために尽力している。

沖縄県は八重山諸島を中心に、海外から再びウリミバエが侵入するのを予防するために、毎週100万匹以上のウリミバエ不妊虫をヘリコプターで放し続けている。台湾などから八重山に飛来してきたウリミバエは、この予防的に放たれた不妊オスによって、その都度、根絶されていると考えられている。またミカンコミバエの侵入警戒のためには、テックス板を人力で吊り下げ、ヘリコプターからも散布している。予防防除と呼ばれるこれらの作業によって、ミバエ類の再侵入はかなり防げているはずだ。

しかし、他国から風に乗って飛来し侵入するミバエ類、諸外国から持ち込まれる果実に紛れて侵入するミバエ類もいる。根絶によって問題が終わったのではなく、終わりなき再侵入との戦いに突入したと言える。

では、再侵入を防ぐための特殊害虫の予算はどうしたら守れるのだろうか。実は特殊害虫はミカンコミバエとウリミバエだけではない。

ウリミバエ根絶後、次のターゲットとなった害虫は複数いる。一つは、ナスミバエ（*Bactrocera latifrons*）だ。ナスミバエは、ミカンコミバエ、ウリミバエに次いで、2011年に日本で第3番目に根絶に成功したミバエとなったが、再び侵入し、定着してしまっている。この経緯については、第6章で書く。

もう一つは、サツマイモを加害する特殊害虫のアリモドキゾウムシとイモゾウムシ（*Euscepes postfasciatus*）だ。2種とも、もともとは日本には生息していない外来の侵入害虫である。

3-1　アリモドキゾウムシ成虫（体長6〜7ミリ）

イモゾウムシについては第7章で述べるとして、本章ではアリモドキゾウムシ（写真3-1）の根絶について紹介する。

敵北上スル

アリモドキゾウムシの北上に関する地図

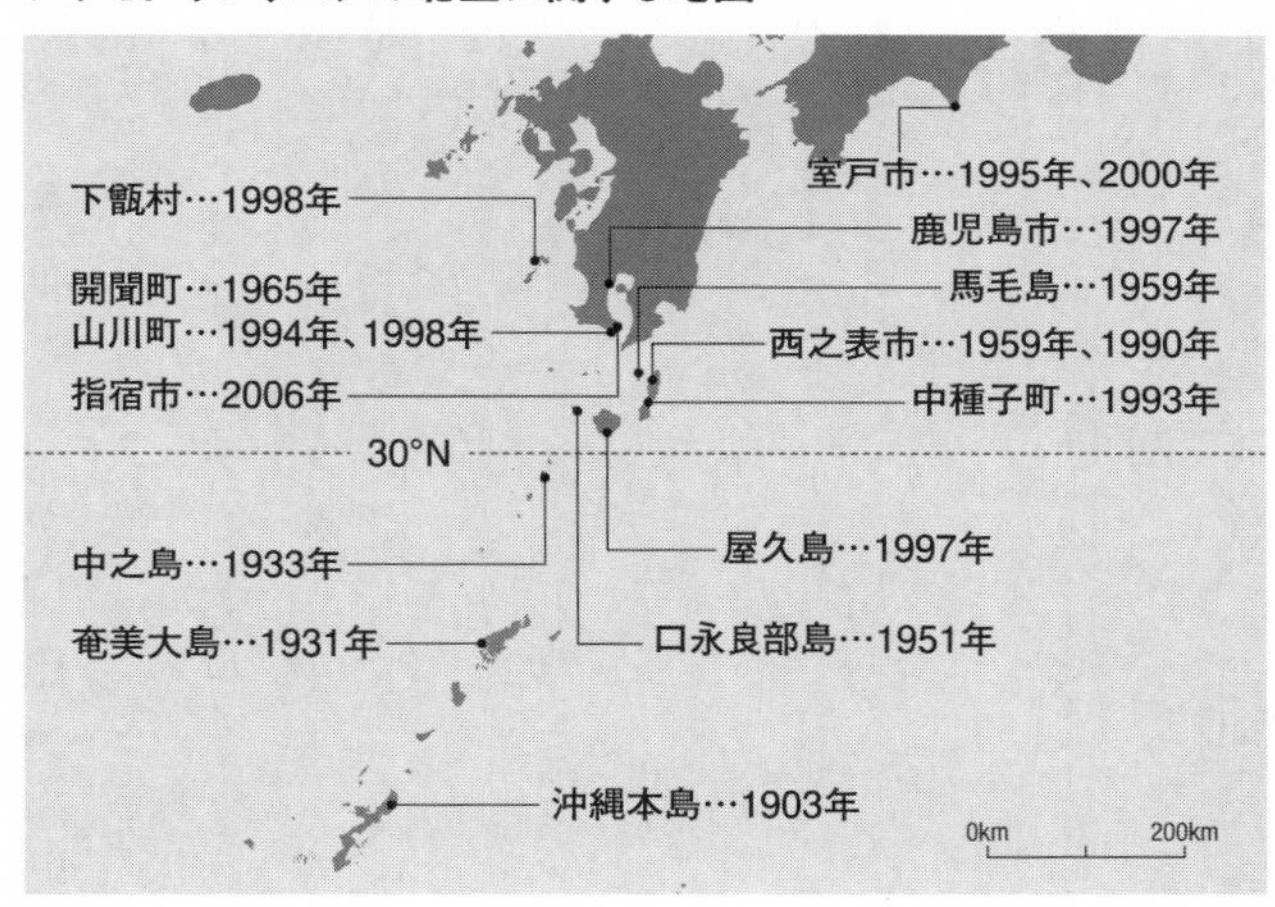

アリモドキゾウムシは、１９０３年に沖縄本島ではじめてその存在が確認された。台湾から沖縄に移入したと考えられている。このゾウムシは小笠原諸島にも侵入し、分布を広げている。ただし八重山諸島に本種がいつから存在したのかは、実は記録がない。

その後、たちまちのうちに宮古諸島に蔓延し、１９１５年には与論島、31年には奄美大島、33年にはトカラ列島（中之島）、40年には喜界島、50年にはトカラ列島全域、51年には口永良部島、59年には種子島まで分布を広げ、鹿児島県の九州本土近くにまで北上した。

この虫は熱帯起源で、アメリカ南東部と

ハワイにも分布する。卵から孵化した幼虫はサツマイモを食べて育つ。幼虫にかじられると、サツマイモはとても苦い物質を発するのでとても食べられなくなる。人どころか家畜のエサにもならず、ブタさえ見向きもしない。これはイモが自らを防御するために発するイポメアマロンと呼ばれる苦み物質だ。サツマイモを襲う病気に抵抗するための物質とされているが、僕たち人間が傷をつけてもこの物質を出すため、広い範囲の敵に対するサツマイモの防御物質と考えられる。

アリモドキゾウムシはミバエ類とは違って、オスではなくメスが性フェロモンを放出する。86年にアメリカでアリモドキゾウムシ（の近縁種）に対してこのフェロモン成分が同定され、沖縄県の研究員によって、このフェロモン成分がアリモドキゾウムシにも高い誘引力を発揮することが示された。合成された性フェロモンは販売されており、国と県は琉球列島の他に鹿児島県にも性フェロモンを使った罠を設置し、この甲虫の分布域に注意を払っていた。

植物防疫の記録によると、１９５１年から59年の間に、口永良部島、馬毛島（まげしま）、西之表（にしのおもて）市（種子島）でも見つかった記録がある。また58年に鹿児島県佐多町（現：南大隅町（みなみおおすみちょう））で、65年に鹿児島県薩摩半島南部の開聞町（かいもんちょう）（現：指宿市（いぶすき））でも侵入が確認されたが、初動防除により、その都度根絶されている。その後、１９６６年から89年までの24年間、アリモドキゾウムシは鹿児島県では1件の発見事例も報告されていない。

侵入と上陸

ところが、１９９０年代に入ってアリモドキゾウムシは鹿児島県の各所にその姿を現すようになった。まず１９９０年には大隅諸島の西之表市で発見され、このときは根絶に８年の歳月を要している。また１９９３年に中種子町、94年に山川町（現：指宿市）、そしてついには97年に鹿児島市内で成虫が発見された。同年に屋久島、98年に山川町と下甑村（現：薩摩川内市）でも数匹が見つかった。これらのほとんどは数匹以下の発見であり（ただし97年の鹿児島市内では8月14日にオス13匹、メス11匹が見つかって以降計１２６０匹が捕捉されている）、発見後すぐに防除が行われ、すべて根絶された。

ちょうどそんな頃、93年のことと記憶しているが、農林水産省の昆虫研究部門トップが、僕の働く沖縄県農業試験場のミバエ研究室にふらっとやって来て、こう言った。

「ウリミバエの次はゾウムシでいくぞ、久米島でいいな」

現場も準備しておくように、という国の意思伝達だったのだろう。

瞬時に僕らは無謀だと思った。そして「久米島は大きすぎる、伊江島なら可能だと思う」と返答した。ミバエ類と違って、アリモドキゾウムシは長い距離を飛ばない。放した不妊オスはミバエ類のように自力で遠くまで飛んで行ってくれない。困難は目に見えていた。大きくて山間部も多い久米島での根絶は不可能だと、そのとき関係者の誰もが心の中でそう考えていたに違いない。

しかし、その後、国から返って来た答えは「行政的には久米島規模でないと無理だ」というものだった。ウリミバエの根絶に最初に成功した久米島規模でないと予算はつかない、ということだったのだろう。

ウリミバエの根絶後、ミカンコミバエとウリミバエの再侵入警戒を続けながら、僕らはアリモドキゾウムシの根絶に挑戦しなくてはならなくなった。特殊害虫の防除体制の維持をどうするかという現実的な問題と、世界で誰も成功したことのないハエ目以外の昆虫の根絶を実現できるのかという戸惑いが、現場で働く者たちにはあった。だがアリモドキゾウムシが鹿児島以北の本土でも散発的に出現しはじめたことが、事業の推進を後押しした。九州や四国のサツマイモ栽培地帯に特殊害虫が蔓延するのは防がなくてはならない。

さて、先に述べた鹿児島県などでのアリモドキゾウムシの発生は、いずれも一過性のものだった。アリモドキゾウムシが見つかった場所の近くの寄主植物をすべて抜き取り、刈り払い、除草剤を散布し、ときには焼き払い、徹底的に寄主植物のヒルガオ科植物を除去した。その結果、ほとんどの侵入事例で1年以内に根絶に成功している。1匹程度のオスが罠で見つかっても、早期発見さえできればなんとかなる。初動防除に失敗しなければ定着はしない。しかし、なかには早期発見と防除がうまく機能しなかったケースもある。

種子島の戦い

北緯30度以北の地域では、1990年11月に鹿児島県西之表市と、95年11月に高知県室戸市で見つかったアリモドキゾウムシの侵入が、その後の分布の拡大を許してしまったケースである。

まず種子島では、先にも書いたが、59年にもアリモドキゾウムシの発生が記録されていて、駆逐するまでに10年以上の歳月を要している。この経験が90年の発生では地元関係者に危機感をもたらした。発見の翌年1月には、農林水産省が植物防疫法による緊急防除を告示し、種子島の7250ヘクタールを防除区域にした。県は市町村と農協とでんぷん工場をまとめて協議会を立ち上げ、91年にアリモドキゾウムシの発生地域（322ヘクタール）と、周辺の警戒範囲を決め、発生地域からのサツマイモなど寄主植物の移動を禁止した。発生地域の周辺も含めサツマイモを徹底的に焼却し、土に埋め、殺虫剤と除草剤を散布して、すべてのヒルガオ科植物を完全に除去した。

しかしその後、発生の確認されていない警戒地域においた罠にも多数のオスが誘殺されたため、発生地域を３２２ヘクタールから２１８２ヘクタールに広げざるを得なくなった。そして94年4月からは、西之表市はサツマイモ栽培を禁止する条例を発し、農家はサツマイモ以外への作物転換を強いられた。サツマイモが主要作物である農家には大きな負担だったが、関係者の徹底した協力により、94年8月から発生は見られなくなった。

95年8月から国による駆除確認調査が実施され、97年、98年と引き続き調査が行われた。幸いそれ以上の発生が見られなかったことから、98年12月に国は防除区域を解除した。発生から実に8年の歳月を要したことになる。８年間もサツマイモを栽培できなかった農家の苦悩は察するにあまりある。

室戸の戦い

高知県室戸市では、１９９５年11月17日に市内のサツマイモ栽培農家から、地元農業改良普及センターに、被害を受けたイモが届けられた。高知県は、持ち込まれた被害イモ及び採取された圃場（ほじょう）を調査し、それがアリモドキゾウムシの害であると確認、即座に発生地区内18ヘクタールのうち2ヘクタールのサツマイモを土中に深く埋めて処分した。そして地方行政、農協、農家による緊急防除対策協議会が組織され、徹底的な防除がはじまった。

　初発見がアリモドキゾウムシの繁殖活動が鈍る冬場だったため、発生地域の特定は翌年の夏までを要し、8月には780ヘクタールを防除区域に指定した。発生の見られた地域は海岸近くで、サツマイモ、ノアサガオに加え、海岸に生えるハマヒルガオでも発生が認められた。そこで、根っこが地中にのびるヒルガオ科植物の徹底的な掘り取りと除去がなされ、除草剤と殺虫剤が散布された。植物の再生を防ぐため、この虫が上陸した海岸部ではアリモドキゾウムシのエサであるヒルガオ科の雑草を刈り払うだけでなく、ブルドーザーを使った掘り取りと、火炎放射器まで使った徹底的な焼却が行われたと聞き及ぶ。これらが功を奏し、97年以降、アリモドキゾウムシの発生は見られず、98年に駆除確認調査が行われ、同年12月には防除区域の指定が解除されている。

　高知のケースは、九州と同じくサツマイモの大産地、四国での侵入事件だ。防除の現場での緊張感は、当時、沖縄の久米島でアリモドキゾウムシの根絶作戦を展開していた僕たちにもひしひしと伝わってきたことをよく覚えている。幸い、人が暮らすエリアに侵入しなかったために侵攻を阻止できたが、徹底した作戦だった。

ところが、それから8年を経た2006年に、今度は鹿児島県指宿市の広範囲に突如アリモドキゾウムシが蔓延したのだった。

指宿の戦い

2006年8月、鹿児島県が指宿市においていたフェロモン罠に1匹のオスが捕まった。指宿市での発生は、それまでの発生とは様相がまるで異なり、あっという間に周辺に広がった。最初に発見された地点からおよそ2キロ離れた場所に捨てられていたサツマイモやノアサガオで、アリモドキゾウムシの寄生が見つかったのである。9月6日にはさらにオス2匹が罠にかかり、9日までに11匹が、ノアサガオからも13匹の寄生が確認された。

指宿市では住民に対して、サツマイモやヒルガオ科の植物の栽培の自主規制をお願いした。そしてフェロモン罠を増設して、ヒルガオ科の植物の徹底的な防除を行った。

ところが、防除の最中、2年後の2008年11月には、指宿市で別種の特殊害虫であるイモゾウムシまで発見された。近隣のサツマイモ圃場で発生調査を行ったところ、イモゾウムシも広く発生していることがわかったのだ。指宿からサツマイモを加害する2種のゾウムシが広がるのを防ぐため、２００９年8月20日より農林水産省は植物防疫法に基づいた緊急防除をはじめた。防除区域と定められた範囲は９２７ヘクタールに及び、ヒルガオ科植物の移動規制がかけられた。

２０１１年5月19〜20日、農林水産省からの要請を受け、何名かの専門家とともに僕は指宿に出かけた。駆除を確認し、規制を解除するために国としての調査を行ってよいか判断するためだった。その折に、現地で駆除の指揮をとられた担当者から詳しく説明を受けたのだが、今でも印象に残っているのは、駆除の期間中に小学校で夏休みの絵日記を書くためのアサガオの栽培も一切禁止したと聞いたことだ。

また市役所、ＪＡ、酒造組合、商工会議所、観光協会及び公民館連絡協議会などの地元関係機関は、代表者からなる協議会を作り、サツマイモを含むヒルガオ科の植物を地域から徹底的に除去する取り組みを開始していた。ご近所同士でその栽培を監視する習慣をつけたことなど、地域に暮らす住民の方々の大変な気遣いを伴う、本当につらい時期があったとの担当者の説明には胸に迫るものがあった。

鹿児島県の南部に位置する指宿は、イモ焼酎のためのサツマイモ栽培が盛んな地域である。どれほど地元の方々のご苦労があったことだろうか。いったん、特殊害虫が侵入し蔓延を許すと、駆除にはこれほど大変な作業を伴うのかと、改めて痛感した。

鹿児島県の段取りは徹底していた。指宿市内でサツマイモやアサガオ栽培禁止令まで出して、ヒルガオ科植物を市内から引っこ抜き、市民に相互監視体制を敷いてヒルガオ科植物の根絶を目指した。夏休みにアサガオを育てて絵日記を書くことができなくなった子どもたちの心情は察するが、その努力は実り、２０１２年には指宿市からアリモドキゾウムシは駆逐された。

アリモドキゾウムシは２０１１年2月から11月まで、そしてイモゾウムシは翌年2月まで国と県の連携による駆除確認調査が行われ、１匹のゾウムシも発見されなかったことを受けて、２０１２年3月19日に防除は終了した。根絶されたのである。ある程度の広さのエリアでも、その発生分布が比較的小規模に限られるとき、寄主植物の除去によって特殊害虫ゾウムシ類の根絶を実現できると示したことは、指宿が関係者に残した大きな成果である。

突如の浜松侵入

静岡県の西部でアリモドキゾウムシが発生したと農林水産省より連絡が入ったのは、この文章を書いていた2022年10月28日、金曜日の夕方だった。翌週の月曜日、10月31日には『中日新聞』で報道され、現地の職員は対応に追われている。

もう一つ気になるニュースがあった。それは2022年7月12日付『沖縄タイムス＋プラス』に掲載された。植物の移動規制を知らないのか、フリマアプリによる個人間の取引で、沖縄県内から持ち出しが規制されているサツマイモや柑橘類などの植物を県外に送る違反事例が急増している、というのだ。那覇にある植物防疫事務所によれば、21年には実際にサツマイモの違反で注意を出した例があるという。

もしも近年、各地に侵入しているアリモドキゾウムシが、この記事にあるようにフリマアプリと関係しているなら、とても残念である。農林水産省、植物防疫官の水際での懸命な努力を一発で無駄にしかねない。現場の努力はすべて国民の税金で成り立っている。侵入地ではどれほど関係者の時間を奪っていることだろうか。税金をこんなことに使わざるを得ない現状があるとしたら残念だ。広くみなさんにことの重大性を知って欲しいと思う。

さらに、サツマイモ畑でアリモドキゾウムシが繁殖してしまうと、その周囲のイモもすべて処分しなくてはならない。農家の人々の無念も察して欲しい。ネットに気軽に移動規制植物を出品する人は、想像力を持って欲しいと切に願うし、規制の強化も必要だろう。

さて、２０２３年に農林水産省が公表した資料によると、前年の10月にアリモドキゾウムシが発生したのは、浜松市の圃場だった。同省は静岡県と連携して、すぐに初動対応として浜松市内に３５０個のフェロモン罠を設置、12月初旬までに22地点の罠から計４６７匹のアリモドキゾウムシが見つかった。これは指宿でのアリモドキゾウムシの発見数を大きく上回る数だ。

12月以降、アリモドキゾウムシは見つからなかったが、気温の低い冬場、アリモドキゾウムシの活動は鈍り、フェロモンに反応しにくい。翌春に暖かくなってから、アリモドキゾウムシが動き出す可能性が心配された。そのため農林水産省は12月21日の対策検討会議において緊急防除の実施を決定した。２０２３年３月19日より緊急防除がはじまり、浜松市でアリモドキゾウムシが見つかった場所から半径１キロ以内のすべてのヒルガオ科植物の除去がはじまった。３月20日の『中日新聞』には、発生地域ではサツマイモ栽培を１年禁止と報道された。栽培しないサツマイモ農家には補償金が支払われるが、サツマイモを栽培できない生産者の苦しみが思いやられた。

しかし２０２３年６月、気温が上がると、サツマイモからメス成虫２匹が出て来た。[10]

月になって、畑に残っていた古いサツマイモくずの中から成虫と幼虫が見つかり、国の検査で前年より残っていた個体だと判定された（『あなたの静岡新聞』２０２３年12月18日）。これを受けて国はさらに、24年３月末まで予定されていた防除期間を、25年３月末まで継続する方針を決めた。

僕が驚いたのは本州の、それも東海地方でアリモドキゾウムシが冬を越したという事実である。これは浜松だけの問題ではない。特殊害虫の侵入の危機が、南西諸島と九州だけでなく、一気に全国的に広がったことを示している。

第4章　最後の1匹まで駆逐する

久米島でのアリモドキゾウムシの根絶作戦に話を戻そう。ミバエ類と違いアリモドキゾウムシはあまり飛ばない。平坦な離島であればアリモドキゾウムシの隠れ場所を手あたり次第に探せるので、人手はかかるが根絶することは可能と考えられた。しかし、面積が大きく山間部も多い起伏の激しい久米島では、樹木の生い茂ったジャングルのどこに隠れているのか見極める困難さを容易に想像できた。根絶は不可能だろう。当時、誰もがそう思った。

だが、19年の歳月がかかったにせよ、久米島からアリモドキゾウムシは根絶された。世界を見渡せば、それまで不妊化法によって根絶された害虫はすべてミバエ類、すなわちハエの仲間のみである。甲虫の根絶に挑んだのは世界で2番目だった。最初の事例は、アメリカ、ミシシッピー州の綿の大害虫ワタミゾウムシだった。僕は仲間とともにミシシッピーの根絶事業を見学したことがある。だがこの作戦は、後に撤退に終わっている。

日本は2013年、久米島で不妊化法による「世界はじめての甲虫の根絶」に成功した。その後、2021年には津堅島でも根絶を達成した。そこには現場で働く者たちの仕事人生をかけた意地と執念があった。

根絶への挑戦

すでに日本はミカンコミバエとウリミバエを根絶してきた。予算を配分する側の論理は、一度確立した根絶技術を他種に転用するのであれば、低予算でできるのでは、というものだ。実際に、当時のある行政官が「同じ昆虫なのでミバエ類の半分の期間で根絶できて当然だろう」と言っていたと聞いている。

だが同じ昆虫とはいえ、双翅目に属するミバエと、鞘翅目に属するゾウムシでは、分類でみれば目という単位での違いがある。ちなみに僕たちが属する哺乳類（哺乳綱）で言えば、霊長目に属するヒトと、齧歯目に属するネズミくらい離れた生き物だ。ネズミの駆除に成功したので、同じ方法でヒトも駆除できると言っているようなものだ。

久米島で１９９４年にスタートしたアリモドキゾウムシの根絶事業が、２０１３年の完全駆逐まで19年もかかった理由の一つがこれである。甲虫の仲間であるゾウムシと、ハエの仲間であるミバエとは根本的に生態が異なる（だってネズミとヒトの生態が同じだと言われれば誰だって首をかしげるでしょう?）。まずミバエはよく飛ぶが、ミバエに比べればゾウムシはあまり飛ばない。よく飛ぶミバエの場合は、不妊オスが自力で野生メスのいる場所に飛んで行けるため、それほど多くの地点に不妊化した虫を放す必要はない。

ところがミバエに比べてあまり飛ばないゾウムシは、自力でメスのいるところまで飛べないこともあるため、野生虫のいる場所を丹念に調べ、特定した上で不妊虫を撒かなくてはならない。そのためには敵であるゾウムシが潜んでいる場所を綿密に調べられる、より精度の高いモニタリング技術が必要になる。

また甲虫とハエでは交尾行動や繁殖の生態もずいぶんと異なる。同じ虫でもハエと甲虫ではまったく生活が異なるのだから、その虫の行動や生態、つまり野外での生き方を調べなくては、根絶の戦略を立てることはできない。

久米島での根絶成功には、以下に述べる「三つのポイント」があったと僕は考えている。

ポイント①　情報戦で敵を制す――成功への伏線

久米島でアリモドキゾウムシを根絶できた「第一のポイント」は、島全体に展開した最初の作戦である。１９９４年の９～10月にかけて島中に罠を仕掛け、アリモドキゾウムシがどこにどれだけいるのかを徹底的に調べたのだ。

アリモドキゾウムシのオスは、フェロモンに驚くほどよく反応する。合成されたフェロモンは、ゴムキャップにしみ込ませた剤としてアルミパッケージに包まれて販売されている。アリモドキゾウムシの姿などまるで見えないサツマイモ畑でも、いったん剤を取り出すと、畑のあちこちからワラワラと、大きな2本の触角を狂ったように激しく上下に振り振りしながらアリモドキゾウムシのオスが地面を走って来る。その姿を肉眼で何十匹も確認できるほど、性フェロモンの威力は強大だ。

島全体のアリモドキゾウムシの分布を調べるため、市販されていた簡易ゴキブリ粘着シートにフェロモンをつけた罠が考案された。1個1個、風に飛ばされないように、罠は1本の棒で地面と垂直になるよう土中に突き刺した。準備した3000個のフェロモンの罠は、山間部を除いた島のいたるところに仕掛けられた。

ひと月に二度、フェロモン剤を取り換え、1年間調べた。するとアリモドキゾウムシは久米島全島にまんべんなく分布しているのではなく、生息場所が限られていた（次ページ図参照）。これは幸いだった。ヒルガオ科の植物に寄生する彼らが生息しているのは、サツマイモ畑か野生のノアサガオの繁茂する平地、もしくは景観植物のグンバイヒルガオが繁茂する海岸にほぼ限られていたのだ。

久米島におけるアリモドキゾウムシの分布地域（1994年9-10月時点）

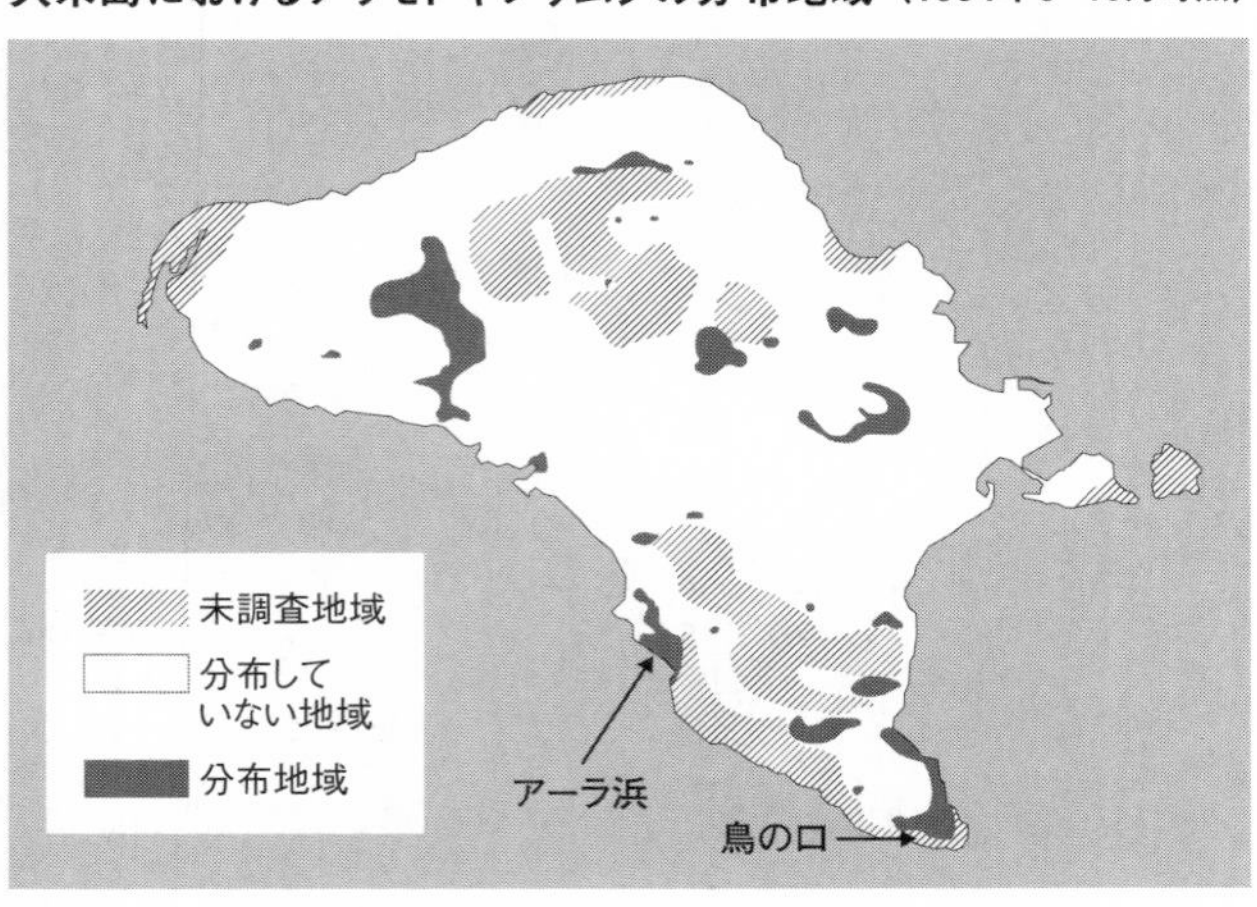

作戦が決まった。彼らが生息しているエリアに殺虫剤を混入したフェロモン剤を集中的に投下して、まずオスの数を減らす。容易に数が減らない地域では、アリモドキゾウムシのエサであるヒルガオ科の植物群落を刈り取って、餌を失くす。そして数が減ったところで、不妊化したオスを投入する。つまり、オス除去法、エサ除去、不妊化法といったこれまでの根絶作戦で蓄積した三つの戦術を総動員する方針が決まったのだ。

今になって思えば、この全島調査がその後の久米島での根絶につながったのは間違いない。害虫といえども暮らしの実状、つまり敵の生態についてしっかりとした情報を得ておかなければ勝ち目がないのは当然だ。

作戦開始

敵の生息する地域を把握できたところで、いよいよ根絶作戦がはじまった。まずミカンコミバエの根絶で大活躍したテックス板の登場である。人工合成されたフェロモンと殺虫剤をしみ込ませたテックス板が、アリモドキゾウムシの分布するエリアにばら撒かれた。

ミカンコミバエのときと同じだが、テックス板には殺虫剤もしみ込ませているので、万が一にも子どもが触ったりすることはあってはならない。当時の久米島にあった具志川村と仲里村（2002年4月1日に両村は合併して今では久米島町になっている）の協力を得て、島民への周知と理解が徹底された。

アリモドキゾウムシのオスを誘引する性フェロモンは対象種の虫のみを誘引するため、テックス板によって他の虫が影響を受けることはほとんどない。環境や生態系に優しい防除と言える。

1994年の秋にはじまったテックス板のばら撒きには二つの手法がとられた。一つは那覇からヘリコプターを飛ばし、800ヘクタールも広がる森や耕作地に、1ヘクタール

4－1　アリモドキゾウムシの罠（フェロモントラップ）

あたり月8枚のテックス板を落とす方法だ。もう一つは、住宅地200ヘクタールの区域で実施された方法で、1ヘクタールあたり月16枚のテックス板を現地に出向いた県職員が手で撒いた。アリモドキゾウムシの生息エリアの正確な情報を事前につかんでいたため、作戦は順調に進んだ。

テックス板でどれだけ減ったのかを調べるため、専用の罠が開発された。ミバエ類と違ってブンブン飛ばないアリモドキゾウムシの罠（写真4－1）は、ミバエ用のように樹に吊るすのではなく、プラスチック製の樋で作った罠に2本の金棒をつけて地面に突き刺した。

吹きさらしの風が強い耕作地や海岸でも、これなら飛ばされることはない。改良された罠に雨水がたまるのを防ぐため、罠の上にはプラスチック板で屋根をつけた。この板にはもう一つ機能がある。アリモドキゾウムシは基本的に歩いて移動する。しかし暖かい日には、ふら〜っと飛ぶこともある。フェロモンに惹き寄せられ、罠めがけて飛んで来たオスは、衝突板と呼ばれるこの板に衝突して落下する。

罠にはプラスチック製の漏斗がはめ込まれていて、オスはアリジゴクの巣に落ちた虫のように罠の底に滑り落ちる。落下したオスは二度と這い上がって来られない仕掛けだ。メスだと勘違いしてフェロモンに惹かれてやって来た多くのオスたちは、漏斗から底に滑り落ちた。

罠の底の部分は簡単に取り外せるようになっており、月に二度、罠に落ちたアリモドキゾウムシは回収され、すべて那覇にある対策本部に送られた。罠はアリモドキゾウムシのいるエリアに数百個（多いときで700個）が仕掛けられた。罠に落ちたオスの数を調べることで、どの時期にアリモドキゾウムシが多く発生するのかがわかる。

これによって、根絶にいたる過程で、どの地区でアリモドキゾウムシが増減しているか、リアルタイムで視覚的に追跡することができるようになった。根絶のためにどこに力を入れて戦力を投入すべきか、戦略が立てられたのだ。

時を同じくして、久米島で試験的にテックス板を投与した耕作地と、投与していない耕作地で罠にかかるアリモドキゾウムシの数が比較された。１９９４年から98年まで、投与していない地域ではまったく減らなかったが、投与した地域では毎年、みるみるうちに減った。投与前は１日１０００個の罠あたりに換算すると２０００匹以上が捕れたが、98年にはほぼ１００匹以下にまでその数は減少した。

湿潤亜熱帯雨林

罠にかかるアリモドキゾウムシは減ったが、実際に被害も減ったのだろうか。アリモドキゾウムシのメスはヒルガオ科の植物の茎や根に卵を産む。卵から孵った幼虫は、ノアサガオの茎やサツマイモの塊根を食べながら育つ。久米島ではサツマイモやノアサガオなど、ヒルガオ科の植物の茎を島のあちこちから採集してきて、茎のなかに幼虫が潜んでいないかを、県職員やそのために雇われた現地の方々が1本1本切開して調べた。とても地味で根気のいる作業だ。

茎の切開調査では、ミバエのときと異なる問題に直面した。ミバエの被害が減っているかを調べるには、ウリやミカンなどの果実一つを1個と数えれば良かったので単純だった。

ところが、アリモドキゾウムシの場合は茎である。1本の茎はときに数十メートルの長さにもなるし、50センチにも満たない短い生えかけの茎もある。どれを1本と数えるべきなのか。

こういうとき、安直な意見も大事である。僕たちの仲間の一人が、現場で「1メートル1本で良いさあ？」と言った。その言葉がそのまま19年後の根絶までの基準となった。茎ならどれでも良いわけではない。幼虫が成長することのできる、ある程度太い茎を選んで採取する。

茎の太さの基準は植物によって異なる。そこで、茎の直径と被害率の関係を調べる必要があった。調査の結果、ノアサガオでは1・7ミリ以上、グンバイヒルガオでは3・2ミリ以上の直径の茎で、被害があることを確認できた。それより細い茎には幼虫が認められなかった。採集して1本と数える茎はこの太さ以上と決め、これが切開調査の基準となった。

久米島では多くの防除員が駆除にあたったが、僕がじかに調査した感覚をお伝えしよう。野外では太い茎のほうがアリモドキゾウムシの寄生が多い。

本州に住む人には想像できないと思うが、ノアサガオの茎は、近くの大木に蔓となって

4−2　ノアサガオの大群落（久米島）

4−3　成長したノアサガオの茎（地際部では直径3センチ以上の太さになる）

巻きついて、ときには高さ5メートル以上にもなる。亜熱帯ならではの成長の凄さである。写真のようにとても巨大なノアサガオ群落を作ることもある（写真4−2）。茎の太さも軽く3センチ以上にまで成長する。とても太く、剪定バサミでちょん切るにも強い握力を必要とする（写真4−3）。これほど太い茎には多くの幼虫が棲んでいることが多い。

さらに南の島ならではの危険もある。猛毒ヘビのハブがどこから襲って来るか知れない湿潤な亜熱帯のジャングルのなかで、汗だくになりながら、巨木樹林の下にわけ入って、巨大なノアサガオの蔓を下に引っ張って大木から引き剝がす。そして道路まで引っ張り出し、その後は手に力を込めて1メートルごとに切っていく作業を朝から晩まで続けたら、宿に帰ると疲労困憊で爆睡の日々だ。

　地道で過酷な寄主植物の切開調査は、テックス板を投与した後の１９９５年から開始した。その年には１００本、つまり１００メートルの茎を調べると、必ず５～10匹程度のアリモドキゾウムシの幼虫が見つかったが、テックス板を投与し続けた４年後の98年８月には、寄生率は０・２％（１０００メートルの茎を調べて２匹程度の幼虫が見つかる）まで減った。

不妊ゾウムシの投入

　性フェロモンでオスだけを除去するオス除去法によって、１９９８年には罠にかかるオス成虫は、１０００個の罠に換算するとほぼ一桁（1～10匹）にまで減少した。ここまで数が減ったことで、不妊化法で一気に敵を駆逐できる見通しを僕たちは持った。

　その頃には那覇の増殖工場で働く職員たちによって、アリモドキゾウムシを大量に生産する技術もより進歩し、週に50万匹近くを生産できていた。２００２年には、増殖できる不妊オスの数は週に２５０万匹を超えた。ウリミバエの人工飼料と違って、アリモドキゾウムシの場合は、寄生する植物の粉末をエサに加えなくてはならない。そうしないと成虫になれなかった。それでも技術の改良を重ね、人工エサも改良され、不妊オスの数が足りないときには、サツマイモを購入して直接エサにしてアリモドキゾウムシを増やした。根絶対策チームは、ウリミバエを根絶した技術である不妊化法、つまり不妊オスを放つ決断にいたった。

いよいよ不妊のアリモドキゾウムシを放つときがきたのだ。

1999年2月から、僕たちはアリモドキゾウムシの不妊オスを久米島にばら撒いた。最初はコバルト60を照射された1000から2000匹の成虫を紙袋に詰めて久米島に運び、虫の減った平地のエリアに人力で撒きはじめた。山間部には、那覇から飛ばしたヘリコプターに成虫を乗せ、空からの不妊オス投下作戦も開始した（2001年夏以降はオスに加えメスも放している）。

2000年10月に沖縄県職員を退職し、岡山大学に転職した僕は、その後は、後輩や後任の人たちと連絡を取り、根絶事業の情報を得ていた。2000年代の半ばから後半以降は、国から派遣される専門家として、僕は引き続きアリモドキゾウムシやミバエの根絶事業を評価する立場となった。

ポイント②　現場の協力体制

根絶成功に向けた「第二のポイント」を紹介しよう。それは後輩たちが築き上げた現地の方々との協力関係である。

久米島の農家で根絶に協力してくれる人たちを集めて協議会を組織し、彼らとの信頼関係を築いた。言葉で書くと、その大変さがわからないし、後輩たちはその努力については口にしない。外からは決して見えないが、僕から見ると察するにあまりある大切なことだ。

アリモドキゾウムシ根絶の指揮をとるのは、那覇市のミバエ工場に拠点をおく根絶作戦本部だ。彼らは毎週2泊か3泊で久米島に出向いて調査をする。そのときに、現地の協議会の人たちと、ときにはアフターファイブにお酒を酌み交わしたり、島の人たちの相談に乗ったりして信頼関係を深める。

県職員には農業改良普及センターの普及員から根絶チームに異動して来た者も多い。普及員は農家さんの暮らしに寄りそって相談に乗ることも多く、僕も普及員時代、しょっちゅう農家さんの家に出向いたり、公民館に集って晩御飯を一緒に食べながら夜が更けるまで話を聞いたりした。そうした人と人との信頼関係は、いざ仕事の詰めというとき何よりも頼りになる。

僕よりも圧倒的にコミュニケーション能力に長けた後輩たちは、多忙な業務のなかで、ときには現地の方々からの相談に乗り、信頼関係を築いて結束を強めた。そして、国と県と地域で一丸となって根絶に向けて作戦を進めた。

１９９４年には島の各地に野生のアリモドキゾウムシが生息していたが、大量の不妊オスを撒き続けた後の２００６年には、発生が見られるのは島の10か所にも満たなくなるまで殲滅作戦は成功した。すぐにでも根絶は達成されると考えられた。

ところが、いくら不妊オスを撒いても、それ以上、野生虫は減らないという膠着状況が続いた。どれだけ数が減っても、罠に野生虫と見られる虫がかかり続けたのだ。

すでに沖縄を離れていた僕は、ときどき電話などで後輩たちの相談に乗るしか術がなかった。野生虫が減らない理由もわからないまま歳月だけが過ぎ、根絶チームには焦りがつのったという。ここで根絶成功に向けた「第三のポイント」が登場する。では、それを紹介していこう。

ポイント③　光沢色の違うアリモドキゾウムシ

それまで野に放したアリモドキゾウムシの不妊虫は、ビニール袋に蛍光色素と一緒に入れて軽く振って、体の節などの部分に色素を付着させていた。これはウリミバエのマーキングと同じで、粉末状の蛍光色素（Blaze Orange, DayGlo Color Corp. アメリカ）によるマークである。ウリミバエではこのマークが脱落してしまう割合は１％以下であった。とても低頻度で見られるマーク脱落虫は、ウリミバエの場合、すべて精巣を解剖して、不妊オスか野生オスかを識別していた。

ところが、体表がツルンとしたアリモドキゾウムシでは、多くの虫でその色素が罠に誘引されるまでに脱落することがわかった。さらに、罠に捕獲された蛍光色素をまぶした不妊のマーク虫から、マークのない野生虫に色素マークが付着してしまう場合もあることがわかった。これでは野外に放した不妊オスと野生オスを正確に識別できず、根絶できたかどうかは永遠にわからない。しかし成虫をマーキングする方法は他になかった。野生虫が減らないという問題以前に、野生オスと不妊オスが識別不能という根本的な問題が、事業の障壁として立ちはだかったのである。

ここに来て、根絶作戦はどん詰まりに陥った。

絶体絶命と思えたこの危機を救ったのは、不妊化法に長けたベテラン研究員でも行政職員でもなかった。虫と自然が大好きで、フィールド調査によく出かける２名の若いアルバイターと、彼らをサポートした若手研究員たちだった。これが根絶成功に向けた「第三のポイント」だ。どのようにしてマーク脱落の危機を救ったのか？

実はアリモドキゾウムシには鞘翅（さやばね）に色彩多型があり、黒褐色型（以降、褐色型と呼ぶ）、黒青色型（青色型）、黒緑色型（緑色型）がいることが、それまでに南米を中心に発見されていた。

若手の彼らは、小笠原、種子島を含む北琉球、沖縄本島と奄美大島を含む中琉球、八重山と宮古を含む南琉球で、アリモドキゾウムシを２００２年から07年にかけてサンプリングし、日本でも地域によって鞘翅の色が違うことを見出した。

「最終兵器」褐色の虫

根絶事業が進んでいた久米島を含む沖縄本島とその周辺離島のアリモドキゾウムシは、青か緑の光沢を放つ鞘翅を持つ。ところが南琉球には、青色から緑色の光沢を放つ青色型と、褐色から紫色の光沢色を持つ褐色型が混在して生息することがわかったのだ。

そこで沖縄県の作戦部隊は、すぐさま八重山に出向き、褐色型をたくさん採集して新たに増殖した。久米島に生息する虫とは体色の違う褐色型を不妊化して放せば、罠にかかった虫が不妊化した虫なのか、野生の虫なのかは一目瞭然だ。

先に述べたように、人為的に虫につけたマークは野外の風雨にさらされると脱落もするし、一緒に罠にかかった他の虫に付着したりもする。ところが生まれたときから色の異なるアリモドキゾウムシは、罠にかかって死んでも、その鞘翅の色は変わらない。ついに一目で不妊オスと識別できる褐色型の大量増殖系統の確立に成功した。これが久米島で根絶を成功に導いた「第三のポイント」だ。

もちろん確立した褐色型の系統についても、寿命の低下が生じないか、あるいは褐色オスが久米島の青や緑のメスとも正常に交尾できるかなど、不妊虫としての品質を調べ上げて、野外で問題なく使えるかどうかが事前に丹念に調査された。

マーク脱落の問題は一気に解決した。

これが誰もがあきらめかけたアリモドキゾウムシの根絶を可能にした最大の転換点だった。褐色型を大量に増殖して不妊化し、久米島で野生虫が残っていた地域に放飼しはじめたのは２００９年６月26日からだ。この頃、罠で無マーク虫（すべて青色の虫であった）が捕れることはほぼなくなっていた。２００６年以降、野生虫が減らなかったのではなく、マークが脱落した不妊虫を野生虫としてカウントしてしまっていたのだ。これで問題はすべて解決した。根絶はもはや目前に迫っていると誰もがそう感じていた。

2009年後半、県と国は、久米島での根絶を確認するための準備作業に取り掛かった。いよいよ世界初の甲虫の根絶作戦の成功の日は近い、と誰もが考えた。

そして国によるアリモドキゾウムシの駆除確認調査の日程が検討され、僕も久米島に行く日程を組んだ。

ラスボス

だが久米島の奥地で、もっと深刻な問題が生じていた。島の南部の険しい山地で、なぜか野生虫（青色型）が捕獲され続けたのだ。しかも数匹ずつ。この地域に仕掛けた罠にかかるアリモドキゾウムシの見つかる場所はほぼ限られていた。ウリミバエ根絶作戦では何も問題の生じなかった久米島南部のアーラ浜から島の口までの一帯（128ページ図参照）である。

ここは4キロにものびる海岸線からそびえ立つ険しい崖の上に、鬱蒼（うっそう）とした亜熱帯雨林の丘陵地帯がそびえ立っている（写真4－4）。アーラ浜より南東の海岸は岩礁地帯であり、岩礁から崖の上まで樹木が生い茂っている。こんなジャングルのどこにアリモドキゾウムシがいるというのだろうか？　誰もが首をかしげた。しかし野生虫が捕れるのだから、この亜熱帯雨林のどこかに潜んでいると考える他なかった。

まさにラスボス（最後に登場する強敵）の出現である。

4－4　アーラ浜を北西から見る。亜熱帯雨林の丘陵地帯で道が整備されていない

このとき、根絶事業とアーラ浜は切り離して考えてはどうだろうか、という意見も出た。１９９４年から16年をかけて、やっとここまでこぎつけた事業である。国、専門家、現場で何度も議論がなされ、アーラ地区以外で根絶したという落としどころにできないだろうか、という案も出た。

実のところ、僕も含め国から依頼された専門委員の間でも、この案で妥協するのがベターではないかと考えはじめていた。いったん、久米島でゼロになった地域だけを根絶したと指定しても良いのではないかと。関係者のみなが、それまで久米島でどれほど現場の方々が苦労してきたのか十分に理解していた。

そんな折、現場でもっともしんどい思いをして駆逐作戦にあたっていた現地指揮官から、至極真っ当なコメントが出たのだ。

「久米島に1匹でも残っていれば根絶とは言えず、自分たちは認めない」

そのとおりである。ゼロにしなくては根絶とは言えない。本来は専門家が言うべき言葉だと思うが、現場でもっとも苦しい作業をしている職員が発した言葉だ。専門家も含めて関係者は、この言葉で何かに打たれたように感じた。そして拙速な結論を出すことをやめた。「ゼロにしなくては意味がない」という合言葉のもと、再び現場は結束して絶壁のアーラ地区で根絶作戦に挑んだのである。

アーラ地区は、ヘリコプターから見ても船から見ても、アリモドキゾウムシの棲む場所はなさそうに思えた。当時、根絶チームの指揮をとっていたのは、僕の後輩たちを中心としたメンバーである。わからないときはとにかく現場に入るという根絶事業の鉄則を彼らは貫き、鉈（なた）と鎌をひっさげて丘陵地帯の道なきジャングルにわけ入って、険しい斜面に人が通れる道を作っていった。罠を仕掛けるための道づくりは、崖の頂上から海岸に向けて、また岸壁に接岸させた漁船から登山をし、縦横無尽に行われた。

4キロ四方といっても、そこは道なきジャングルだ。迷わないために彼らはＧＰＳを持ち、自分のいる位置を地図に落とし込みながら道を作り続け、このエリア一帯をカバーする道筋を作った。

駆除確認作業のとき、僕もジャングルの道を案内してもらったが、こんな道を作るのは尋常ではなく、仕事の範囲を逸脱している。

ジャングルだけではない。写真4-4のアーラ浜の向こう側には、海岸線を歩いてしかたどり着けない場所もある。干潮のときを狙って、腰のあたりまで海水に浸かりながら現場にたどり着き、そこでもノアサガオを採集して、袋に詰めて戻らなければならない。それを調査のたび何度も繰り返すのである。何時間も海水に浸かりながら現場にたどり着き、ノアサガオの詰まった重たいビニール袋をかついで干潮の海を歩いて戻る作業は、それは大変だったと聞いている（次ページ写真4-5、4-6）。

根絶に向けた執念の道だとさえ思った。誰もがいったんはあきらめかけた完全な根絶に向けて、再び根絶事業は歩み出したのである。

1匹残らず駆逐する

彼らの途方もない苦労の末に待っていたのは、誰も予想していなかった事実だった。ジ

4−5　ノアサガオの茎を詰めた袋を潮が引いている間に運ぶ

4−6　干潮時にノアサガオの茎を詰めた袋をアーラ浜まで運ぶ様子

ヤングルにわけ入って進んで行くと、亜熱帯雨林のなかに、いくつも石垣が姿を見せたのだ。
　みな驚いた。これは棚田の跡に違いない。さらに馬を連れて通ったのではないかと思われる何本もの道の跡が現れた。石を馬に引かせて通ったのだろうか。それにしても、なぜジャングルのなかに米を作った痕跡が見られるのか。

彼らは久米島の役場に出かけて古い資料を探し、昔の地形図を再現した。すると、アメリカ統治下にあった1962年から70年にかけ、このジャングルの広範囲で稲作が行われていた事実が明らかとなった。おそらく陸稲だ。アメリカの統治下で、久米島の民は、このジャングルの中で密かに米を作っていたのだ。

驚くべきことに、棚田跡の近くには、青々としたノアサガオが生い茂っていた。普通、鬱蒼とした亜熱帯雨林では、ノアサガオはあまり育たない。だが人が開墾し、日が差し込む棚田の近くでは、ノアサガオは旺盛に育ったのだろう。棚田跡地とノアサガオの繁殖地帯の分布は見事に一致した。

「ついに見つけた！」と彼らは確信した。

アリモドキゾウムシもまた、このジャングルで密かに暮らしていたのだ。根絶部隊員らは道なき道に新たな罠をたくさん仕掛けた。するとあたり一帯から、たくさんのアリモドキゾウムシが罠にかかったのである。

4−7　険しいジャングルでのノアサガオ群落の調査風景

最後の2匹

発生源を突き止めると、作戦が立てられる。ノアサガオの群落を汗だくになりながら、鎌で刈っては除去し（写真4－7）、運び去り、アリモドキゾウムシのエサを駆除していった。そして、最後の決め手は、やはり不妊虫だった。

２０１０年1月29日、ついにアーラ地区にも褐色の不妊虫がヘリコプターから放たれた。ジャングルのなかで最後のアリモドキゾウムシが見つかった斜面は、数十メートルにわたって樹木や雑草が刈り取られ、そうしてできた何か所かの空き地に赤字の数字を書き込んだ白いシーツの横断幕を張った。ヘリコプターから不妊虫を投下する目印とするためだ。

携帯電話の通じないアーラ地区では、事前にヘリコプターの操縦士と打ち合わせを行い、ジャングルのなかの目印について示し合わせた。最後まで残ったアリモドキゾウムシの生息地に、ついに大量の不妊虫がばら撒かれた。

そして、「最後の２匹」が２０１１年10月に見つかって以来、久米島でアリモドキゾウムシが発見されることはなかった。不妊化法での甲虫の根絶達成の確信を得られたのだ。２０１２年６月18日から12月28日まで、国による駆除確認調査が実施され、久米島の延べ５８０地点から８万本以上の寄主植物を採集しても、１匹も確認されることはなく、根絶は完全に達成された。

より正確に書くと２０１２年の駆除確認中にも、仲泊（なかどまり）という場所で２匹のアリモドキゾウムシが見つかったのだが、県職員と地元の協議会による必死の捜索の結果、この２匹は、島外からの持ち込みであることが判明して、関係者一同は安堵（あんど）したのである。しかしそれ以降、現場では、島外からの持ち込みに神経をすり減らす日々が続いたという。

２０１３年３月には、僕を含む国からの専門家３名が久米島に派遣され、根絶が的確に達成されたことを確認した。２０１３年４月22日に久米島をアリモドキゾウムシの発生地域から除く省令改正を行い、根絶事業は終わった。
不妊化法による世界初の甲虫根絶が達成されたのだった。

津堅島での戦い

2007年に沖縄県は地元の要請を受けて、勝連半島の南東に浮かぶ津堅島（面積1・88平方キロ）でアリモドキゾウムシの根絶事業をはじめた。小さな島で性フェロモンによってアリモドキゾウムシの密度を減らし、不妊虫を撒き続け、14年の歳月の後、21年4月にこの島からもアリモドキゾウムシは消えた。

それにしても、小さな島で、なぜ14年もかかったのか。それは、第2章で述べたニップリングの教えの「（5）根絶の状態を維持できる条件（再侵入対策）のあること」（101ページ参照）が満たされていなかったことによる。

2010年から12年にかけて、いったん、島のアリモドキゾウムシの数はほぼゼロとなった。ところが2012年以降もオスが罠にかかり続けた。不思議なことにサツマイモやノアサガオの被害は、2010年以降、ほとんど見つからなかったのに、なぜ津堅島の罠にオスがかかり続けたのだろうか？

ニップリングの条件を覆す

最初はフェロモンの匂いのついた調査員の服にオスが付着して島に持ち運ばれているのではないか、島民が被害イモを持ち込んでいるのではないかなど、さまざまな憶測があり疑心暗鬼に陥ったという。しかし、データをじっくりながめると、野生オスが勝連半島から飛来しているとしか考えられなかった。それをどのように証明すればよいのだろうか。

アリモドキゾウムシのメスはほとんど飛ばないことがわかっている。そこで研究員たちは、現場に入り、大規模な実験を徹底して行った。津堅島から4・4〜13キロ離れた沖縄本島からマークしたオス成虫を放して、津堅島の罠に捕獲されるか試したのだ。

予測は見事にあたった。津堅島から対岸まで最短の約4・4キロを何匹かのアリモドキゾウムシのオスが自力で飛来したのだ。アリモドキゾウムシは2キロ飛ぶことがあるというデータ（次章で詳述する）は、2キロしか飛ばないことを示してはいなかった。風向きなどの気象条件によっては、オスが6キロ程度飛翔することが示された。

そこで研究員たちが、飛来源の可能性のある、津堅島から半径7キロ内にある沖縄本島中部にフェロモンの罠を仕掛けたところ、飛来源のアリモドキゾウムシ密度を大幅に減少させることに成功した。すると津堅島で見つかる野生オスの数も減った。さらに若手研究員が長期間にわたる津堅島の罠データを数理モデルを使って解析し、津堅島で罠に捕まるオスが、沖縄本島から飛んで来るオスか、それとも津堅島で繁殖したメスが産んだオスか識別できるモデルシステムを開発した。

このシステムの開発によって、津堅島の罠にかかり続ける野生オスは、勝連半島から飛来するオスであることが明らかとなり、島のアリモドキゾウムシは根絶できていると結論づけることができた。オスだけが入ってきても繁殖できないので、根絶の状態が維持できているわけだ。これはニップリングによる根絶の条件（5）を覆す快挙と言えると僕は思う。

ここでもデータを科学的に解析できる目を持った研究者が、現場と向き合ってデータを解析することが根絶にとって大切であることを再確認できた。

「基礎研究こそもっとも応用的である」という伊藤嘉昭の教えが再び生かされた、津堅島での根絶成功だった。

第5章　根絶を支えた研究

どんな戦いであれ、敵を知ることは肝要だ。害虫殲滅の作戦も例外ではない。まず根絶の対象である害虫が飛ぶのか、そしてどれくらい遠くに移動するのかという情報を得る必要がある。ある地域で害虫が根絶されても、周囲からその虫が自力で飛んで来るのでは元も子もない。敵の生きざまを知るためには生態学と行動学という基礎研究の知識が必要だ。根絶事業という実学が基礎的な研究を支え、また基礎研究の理解が根絶事業を発展させた実例はたくさんあるが、本書の目的からはやや逸れるため、それらをすべて取り上げることはかなわない。ここでは根絶事業の成功に結びついた研究例を二つほど取り上げて紹介する。害虫生態の基礎研究にも予算を配分した事業であったからこそ、ミバエやゾウムシの根絶が達成できたと僕は考える。

どこまで飛ぶのか――ミカンコミバエ編

根絶の対象となる生物がいつ、いったいどこまで、そして、どのような方法で分布を広げるのか。つまり、その生物が分散する能力を知っておかなくてはならない。敵の機動力を熟知し、彼らの潜伏する場所を常にモニタリングできる状態を保つことは欠かせない。特殊害虫のモニタリング技術については、第2～4章で詳しく述べた。ここでは対象害虫の分散能力について調べた研究を紹介する。

まずミカンコミバエである。どれくらい飛ぶのか、1972年に小笠原諸島で調べた研究者がいる。いくつかの島からペイントマーカーでマークした合計1万106匹のミカンコミバエを小笠原諸島の西島、兄島、父島、南島、母島から放して、どの島に仕掛けた罠で捕まるのかを調べたのだ。

その結果、ミカンコミバエは50キロも離れた島まで海上を飛ぶことがわかった。この研究者は、後に沖縄県ミバエ根絶チームに入り、その後、琉球大学に転職して、僕の指導教員となった岩橋統である。この大規模な調査は、ミカンコミバエの根絶作戦を行う島の選定に使われた大事な基礎資料となっている。

最初にミカンコミバエの根絶作戦が実施されたのは、奄美大島から東に約25キロ離れた喜界島だった。この分散のデータなくして、例えば沖縄本島からそれほど離れていない島で最初の根絶作戦に着手していたら、根絶の物語は今、存在しなかったに違いない。

アリモドキゾウムシの根絶事業がはじまったとき、まっさきに野外での本種の分散移動を調べてみたいと思い立ったのは、その必要性もあるが、恩師のかつての研究に影響されたことも否めない。アリモドキゾウムシの分散についても紹介しよう。

どこまで飛ぶのか――アリモドキゾウムシ編

アリモドキゾウムシの根絶事業がはじまるまで、野外でこの虫の飛翔能力を調べた研究はなかった。当時、ミバエ研究室で上司だった室長やミバエ対策事業所の研究員、委託研究員として働いていた後輩らとともに、僕はこの虫がどれだけ分散するのか野外試験を開始した。

僕たちは背中に速乾性ペイントマーカーで標識を施した、たくさんのアリモドキゾウムシの成虫を準備した。メスはサツマイモに卵を産むので、試験のために畑を貸してくれる農家の了解が得られない。試験にはオス成虫を使った。オスは性フェロモンに誘引されるので、罠には人工合成されたフェロモン剤を仕掛けた。

まず確認したのは、施したマークに脱落がないかだ。サツマイモを鉢に植え、鉢ごとネットで覆い、そのなかに4色のマークをつけたオス成虫を50匹ずつ放した。10日後、マークを確認したが、マークの脱落はなかった。

1992年9～10月にかけて、沖縄本島中部の読谷村（よみたんそん）に広がるサツマイモとサトウキビの輪作地域に、マークしたオスとフェロモンを取りつけた罠（写真5－1）を車に積んで出かけた（当時の罠は裾野が広がるタイプ）。今回の分散調査では、計7000～8000匹のマークしたオスを畑で放つ予定である。

5－1　分散試験に使用したアリモドキゾウムシの罠（フェロモントラップ）

その放飼地点を同心円状に取り囲むようにして、東西南北にそれぞれ10メートル、20メートル、50メートル、100メートル、200メートル、500メートルの6か所、そして北西、南西、南東、北東の4方向には500メートルを除く5か所の地点に、巻き尺で距離を測りながら罠をおいていった（次ページ写真5－2）。設置した罠は44個である。9月9日に第1回目の2086匹のマークオスを放した。

3日後にも2101匹、5日後に1182

5-2　分散試験のため罠を置く位置を計測しているところ

匹、6日後に2110匹のマークオスを放飼地点に放した。放した日ごとにマークの色は変えている。そして7日後にすべての罠に捕まったオスを持ち帰り、マークの色を調べた。

これと同じ調査を10月2日からと、10月20日からの2回行った。放したマークオスの総数は、2万3426匹となった。すべてのマークは、狭いアリモドキゾウムシの背中に1個体ずつ、手でペイントマーカーをつけていくのだ。

たくさんの成虫にマークをつけるには多くの仲間が必要だった。気の遠くなるような作業だったが、ミバエ対策チームのみなさんの協力を得て調査を実施した。7日後に罠に捕まったマークオスの数は、3回の調査ともにほぼ3割だった。調査を行った日の風向きによって虫の捕まる罠の方向は変わった。一連のデータを統計的に解析したところ、アリモドキゾウムシのオスは、サツマイモのある畑では、1日あたり最長で300メートルくらいは分散することがわかった。

飛翔を変える条件

次に気になったのは、分散は季節によってどう異なるのか？　だった。この大変な分散試験をその後4回も、異なる季節に行った。野に放したマークオスの数は、7回計5万4444匹に達した。

さて、分散距離は予想どおり、試験を行った期間の気温と正の関係があり、気温が高くなるにつれ、アリモドキゾウムシはよく分散した。一方、気温の低い2月と3月にはほとんど分散しなかった。

気温の高い5月から10月にかけては、およそ3割のアリモドキゾウムシが罠にかかったのに対して、気温の低い時期で罠にかかったのは2月に17・6％、3月に4・7％であり、冬場はそもそもフェロモンに反応しにくいことがわかった。

これはとても大事で、冬場にアリモドキゾウムシが発生した場合には、フェロモンを用いた調査だけでは、その分布範囲や生息数を十分に把握できないことを示している。これが第3章で触れた、室戸市に侵入したアリモドキゾウムシが冬場の性フェロモンによる罠だけでは、発生場所を特定しにくかった理由の科学的な根拠にもなっている。

次に、エサとなるサツマイモがなければ、もっと遠くに飛んで行くのだろうか？　という疑問が湧いた。そこで僕らはさらに、アリモドキゾウムシの寄主植物がまったくない沖縄本島中部の、宅地の造成予定地（沖縄市泡瀬）を使わせていただいて、分散試験を行うことにした。

試験は1993年9月22日から28日にかけて、サツマイモ栽培地域の読谷村に7519匹、寄主植物が何もない宅地造成地に7691匹のオス成虫を放した。40個の罠をそれぞれの試験地に仕掛けて、虫がどこまで飛ぶのか、22日、25日、27日に放したマーク虫を調べて、分散の違いを比較してみた。

すると、サツマイモ畑では平均すると95メートルほどしか分散せず、最大でも500メートル離れた罠にかかったのがもっとも遠くに分散した個体だった。一方、エサのまったくない宅地では、9月25日に放したオスは平均でも210メートル以上も飛んでおり、1キロも離れた罠に5日以内に捕獲された成虫もいた。

明らかにアリモドキゾウムシは寄主植物がないエリアでは、より遠くに飛ぶのだった。この事実は、アリモドキゾウムシの根絶事業を行うにあたり大切なポイントだ。このときは、久米島でアリモドキゾウムシの根絶事業を手掛ける前だった。放した不妊オスがどれくらい飛んで行くのかに加えて、ある地域で根絶させた場合、その地域への再侵入を防ぐために、どのくらいの範囲で発生を防げば良いのかが予想できる。環境条件の違う場合の分散距離を調べておくことは、根絶作戦にとって大切な意味を持った。

では、ある島で根絶が達成されたとき、再侵入が生じないためには、その島がどれだけ隔離されていれば良いのだろうか。

ゾウムシ、海を渡る?

そこで僕たちは、さらに壮大な分散試験に挑むことにした。観光ビーチが続く沖縄本島の西海岸とは反対の東海岸には、勝連半島があり、その半島の先にはいくつもの離島がある。橋でつながっている場所もあれば、船でしか行けない離島もある。

当時は浜比嘉(はまひが)大橋ができる前で、勝連半島から浜比嘉島には船でしか行けなかった。ミバエ研究室と事業所のメンバーで沖縄本島の地図とにらめっこし、マークしたオスのアリ

5－3　アリモドキゾウムシの分散試験を行った場所（沖縄本島中部）。図中の白丸は罠の位置を示す

モドキゾウムシを放つ島を、浜比嘉島と宮城島に定めた。ここならば、ミバエ類よりもはるかに飛ばないアリモドキゾウムシが、果たして海や丘を越えて分散できるのか否かに白黒をつけることができる。

　オスを誘殺する罠をどこまで仕掛けるのか作戦を練り、勝連半島から金武湾を取り囲むようにして69個の罠を仕掛けることに決めた（図5－3）。

　これだけの罠から虫を同じ日に回収するためには、五つの班に分け別々の車で調査に向かわなくては不可能だ。万一の事故を考えれば、1チーム2人組にすることは必須だった。この計画の重要性を理解し、賛同してくれた同僚研究員10名が早速集まった。感謝である。

後はどれだけの数の不妊オスを野に放つかだ。これだけエリアの大きな分散試験では、マークしたオスが罠で捕れる確率はとても低いだろう。アリモドキゾウムシのメスのフェロモン（人工合成剤）は、オスを強力に誘引することはわかっていた。もし、放つ虫の数が少なかったために1匹の虫も罠にかからなければ、この虫が本当に海を越えて飛ぶのかが明かされたことにならず、試験に投資したエネルギーは無駄になる。飛んできたアリモドキゾウムシがいたとしても、たまたま罠にかからなかった可能性を否定できないためだ。そのため、たくさんの虫を放たなければならない。

その過程が重要だなどと悠長なことを言っている場合ではない。国民の税金を使っての調査でもある。この調査結果が今後の根絶作戦を展開する上で、アリモドキゾウムシの分散距離の基礎的なデータになる。「マークして放すオスの数は、少なくとも1万匹は越したい」、という合言葉のもとに、僕らは虫のマーク作業を開始した。

根絶作戦チームは、連携がうまく取れ、自分の仕事が空いた時間に手伝ってくれる。思い返すと、みんなで沖縄の農業のため特殊害虫を駆逐するのだ、という使命感と活気にあふれた人たちばかりだった。

戦う相手を駆逐してゼロにするという目標がハッキリしている根絶対策チームの戦意は、

とても高かった。それが功を奏し、浜比嘉島に1万８０２５匹、宮城島に1万８６７８匹のマークオスのアリモドキゾウムシを、同じ日に放つことができた。

合計3万６７０３匹のオスの背中に、爪楊枝（つまようじ）を使って手作業で速乾性ペイントマーカーをつけ終わったのは、虫を放す日の前日の夕刻だった。翌朝早く、僕らは準備した5台の車に乗り込んだ。そのうちの2台にマークオスを積み込み、宮城島と浜比嘉島に向かった。携帯電話で連絡を取り合い、ピッタリと同じ時刻に3万６７０３匹のオスを放して、罠を仕掛けた。あとの3台の車は、他のエリアに罠を仕掛けに行った。１９９４年の7月4日だった。

四日後の8日、そして12日、15日、19日、26日の合計5回にわたって、5台の車にそれぞれ2人ずつ10人が乗り込み、マークしたオスが罠にかかっているか調べた。

その結果、浜比嘉島から放した1万８０２５匹のうち45匹、宮城島の1万８６７８匹のうち26匹が仕掛けた罠にかかった。捕れなければデータはゼロだったので安堵した。

試験結果のポイントは、浜比嘉島で放したオスのうち34匹が、約2キロ海を隔てた平安座島（へんざじま）と勝連半島をつなぐ海中道路に仕掛けた罠で捕れたことである。すなわちアリモドキゾウムシは飛翔し、海を越えて自力で分散したのである。

ところが、勝連半島やその北の金武湾周辺に仕掛けた罠では1匹も捕れなかった。つまり、アリモドキゾウムシは少なくとも2キロは連続飛翔によって分散したが、十数キロ離れた金武湾の対岸までは飛ばなかったことになる。

2キロの功罪

このデータは、久米島で根絶作戦を全面展開するにあたって、その根拠となった。つまり、沖縄本島から100キロ離れた久米島でアリモドキゾウムシを駆逐すれば、他の島から自力分散によるこの虫の再侵入はない、と確信できたのだ。

ただし、「アリモドキゾウムシが2キロは連続飛翔する」としたこの「2キロ」という数字はその後、一人歩きしてしまった。どこかの文脈で「2キロ以上は飛ばない」というニュアンスに書き換えられてしまったのだ。

2022年、浜松にアリモドキゾウムシが侵入した際にも、トラップをおき、寄生する植物を取り除く範囲が発見地の半径2キロ以内とされたが、その根拠となったのが、この2キロは自力分散するというデータなのである。

2キロ以内としなくては調査が膨大で大変になるため、この基準は大切なのだが、逆に、この「2キロ」離れていれば大丈夫という基準が、前章に書いた津堅島でのような困難を極める根絶作戦に突入するきっかけを与えてしまうことにもなる。かといって、6キロも飛翔することがあるため6キロを基準とすれば、調査はとてつもなく大変なものになってしまう。

2キロという数字、そしてその数字を公表した者として、その後の数字の一人歩きは、分散試験の功罪であり、今も僕は複雑な気持ちで、日本各地のアリモドキゾウムシの侵入防止事業の成り行きを見守っている。

不妊メスの刺し傷

1987年11月、沖縄県の中部農業改良普及所で働いていたときのことだ。農家から「畑のメロンやスイカにウリミバエがたかって孔(あな)をあけている」と苦情の電話があった。勝連半島から約4キロ離れた津堅島でウリ類を栽培している農家からだった。地区を担当する普及員が、この苦情対応を知らせてくれたので、何が起こっているのか、とにかく現場に行ってみることにした。

中部農業改良普及所で自称・病害虫担当を宣言していた僕は、11月30日、与那城村(よなぐすくそん)

（現：うるま市）を担当する先輩普及員と一緒に船に乗って津堅島に出向いた。農家は何かによって刺されたために表面がへこんでしまったスイカを見せてくれた（写真5－4）。ハウスの中には確かに不妊化されたウリミバエが飛んでいた。

5－4　なんらかの刺し傷によってへこんでしまったスイカ。大きさを見るためカメラのレンズ蓋と共に撮影

不妊化されたメスの卵巣は発達せず、産卵はしないはずだ。スイカに残された傷跡にも卵は確認できない。照射して不妊化されたウリミバエのメスは、卵を持たないにもかかわらず、まだ産卵意欲を持ち続け、果実に産卵管を突き刺すことがあるのだろうか？　その場で農家の方に「問題はないです」とは言えなかった。

当時のミバエ根絶対策チームのメンバーに聞いてみても、不妊メスによる果実への被害のことは、はっきりとはわからないと言う。過去の文献をしらみつぶしに調べてみたところ、ウリミバエのメスに卵を産ませるために人工的に作られた採卵管にあけた孔に、羽化後14日以上を経た不妊メスが産卵行動を示すという報告が、奄美大島の研究員によって公表されていた。しかし、不妊メスが実際に農場で育った果実に産卵痕を残すことがあるのか、誰も調べたことがないとわかった。

このままでは、農業の現場で安心して不妊虫を放しても大丈夫ですとは言えない。いずれ必ず根絶しますから、それまで果実の被害は我慢してください、とその農家に言うわけにもいくまい。誰も調べていないことなら、（当時は研究員ではなかったが）自分がやるしかない。これは、それまでも、その後も、僕の変わらない姿勢である。

津堅島より戻った僕は、早速、ミバエ根絶対策チームにガンマ線を照射したウリミバエ不妊虫をわけてもらうことにした。普及所には虫を飼う実験室がなくて困っていたところ、古巣である琉球大の恩師が大学の実験室を夕方に貸してくれることになり、共同研究がはじまった。

野外に放していたのと同じ羽化2日前の蛹に70グレイの放射線を照射したウリミバエと、照射していないウリミバエをわけていただいた。大学時代に使用した懐かしい実験室で、ポリエステルで作った採卵管と、スイカとメロンのスライスをおいた容器内に、これらのメスを1回につき10匹ほど入れて、数日にわたって観察した。中部普及所での勤務を終えた後、夕方に西原（にしはら）にある実験室に寄って実験し、那覇にある自宅に帰る日々が続いた。

メスの産卵行動は、①飛来：果実スライスに飛来し、口吻（こうふん）で舐める→②突出：産卵管を後方に突出させる→③探索：産卵管を曲げ産卵部位を探索する→④挿入：産卵管を挿入し、産卵姿勢をとる、の4段階を進むにつれて産卵意欲が増すと判断した。採卵管には2割5分、スイカには4割、メロンにはすべての照射されていないメスが産卵管を挿入した。

一方、採卵管やスイカに飛来した照射されたメスは5割程度で、探索に進んだメスは1%しかいなかった。これに対して、メロンにはすべての照射メスが飛来して、1割程度が産卵管を突出させた。

最終的に照射メスでも採卵管とスイカには0・5%、そしてメロンには5%もが産卵管を挿入したのだった。不妊化されたメスがこれほど産卵管を挿入するのなら、産卵をされることはないとしても、野外栽培のウリ類で果実の変形などによる被害は確かに問題だろう。

照射メスは、頻度は低いがウリ類の果実に産卵管を挿入した。「したがって津堅島のスイカで見いだされた産卵痕は、放飼されたウリミバエの不妊メスによる可能性が高いと考えられる」と書いた論文を公表したのは１９８９年である。津堅島のスイカ農家には、確かに不妊化したウリミバエによる被害の可能性があるが、実験室で観察した限り、低頻度で生じる現象であると伝えた。

農家にとっては申し訳ない気もしたが、国の一大プロジェクトが、この程度の実験結果でひるむはずがない。その後も不妊虫の放飼は大規模に続けられた。ウリミバエを根絶できれば、確かに産卵痕の被害はなくなって、生産したスイカもメロンも本土に出荷できるのだ。根絶するまで農家の方には我慢してもらうしかなかった。

刺し傷の実態

その後、僕は普及所から農業試験場ミバエ研究室の所属となって、ミバエ根絶チームに入り、根絶のための事業に奔走するかたわら、その後も気になっていた不妊メスによる刺し傷の問題に再び取り組んだ。放飼された不妊ミバエにより果菜類に刺し傷が生じているのではないか、という報告は沖縄県にも引き続き寄せられていた。果菜類の農家にとって経済的な被害にまで及んでいないことを、県のミバエ対策本部として野外において実際に確かめておく必要があった。

ミバエ対策事業所の職員の協力を得て、僕は二つの実験を行うために、同事業所にあった野外網室のなかに、キュウリ、ヘチマ、ニガウリの鉢植えを作ってもらった。栽培は野菜づくりの上手な上司が快く手伝ってくれた。ニガウリは今ではゴーヤーとして有名な夏野菜だが、沖縄では若いヘチマの実も夏野菜として、味噌で炒めたりしてよく食べる。ヘチマと味噌が絶妙に合う。沖縄の夏は直射日光が強く、葉野菜を作るのが難しい。そのため元来、沖縄の夏にビタミンを取るための供給源はウリ類だった。

5-5　ウリミバエの刺し傷によって曲がってしまったキュウリ

さて、これらウリ類の幼果が成長しつつある段階で、野外に放している雌雄合計1万匹もの不妊ウリミバエを網室に放してみた。すると不妊ウリミバエも果実に産卵痕を残した。刺し傷を与えられたウリ類は、その後、成長するにつれてへこんだり、曲がったりしてしまう（写真5-5、鉢植えのキュウリ。産卵痕で曲がっている）。確かにこれでは商品にならない。

刺し傷のタイプは、ウリの種類によって異なった。図

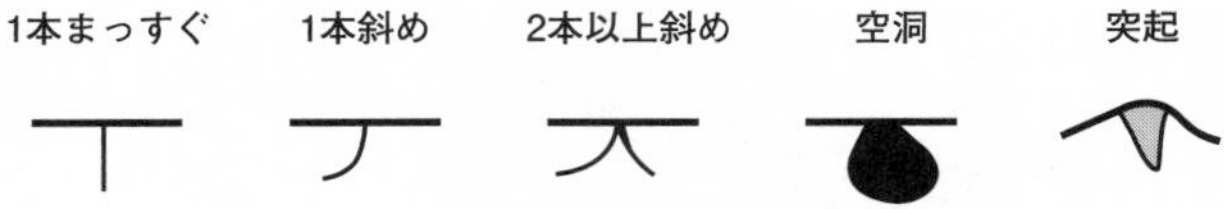

1本まっすぐ　1本斜め　2本以上斜め　空洞　突起

5-6　不妊ウリミバエが果実に刺した傷のタイプ

5－6のように1本まっすぐ、1本斜め、2本以上斜め、空洞、突起の五つのタイプにわけることができた。興味深いことにキュウリでは、5割を超える刺し傷が空洞タイプで、4割が1本斜め、1割が2本斜めだった。1本まっすぐと突起は見られなかった。

ヘチマでは空洞は見られず、他の4タイプが見られた。五つのタイプについて、その傷の長さも調査したところ、果実で発見される刺し傷がウリミバエによるものか、そうでないのかを推定することができるようになった。

そこで僕はミバエ対策事業所の次長とともに不妊ミバエがまさに大量に放されている現地、沖縄本島のほぼ全域において95か所の農家を訪ねた。1992年の夏だった。調査したウリ類の全数は4580個に及んだ。

調査したウリ類のうち、傷のあるキュウリ27本、ヘチマ22本、ニガウリ43本の果実を持ち帰った。スライスして傷の断面を詳しく調査したところ、傷のサイズとタイプが不妊メスの刺し傷と一致した果実の数は、キュウリで4本、ヘチマで5本、ニガウリで2本だった。これを推定被害果率で表すとそれぞれ0・31％、0・75％、0・13％となり、どの作物でも被害果率は1％以下という結果になった。

この結果は、確かに我々の放したウリミバエの不妊メスも野外の果実に刺し傷を残すことがあるが、それは基本的にはごくわずかであり、野外のウリ類の傷果の原因は、ウリミバエの不妊メス以外によるものが大半であることを示唆している。吸汁性のカメムシをはじめとした他の病害虫が果実に傷をつけることが多いという結論に達した。

一連の調査によって、ウリミバエ根絶後、再侵入警戒防除のために不妊メスを放し続けても、刺し傷によるウリ類への被害は経済的に問題となるほどにはならない、言い換えると経済的被害許容水準を下回ると判断できるという報告を93年に論文として公表した。

根絶事業を行うとき、根拠がなければ地域住民に納得してもらうことはできない。このようなデータを論文にして残すには、客観的にデータを判断するための基礎的研究力が必要である。ミバエの根絶過程で行った研究は、昆虫の行動学・遺伝学・生態学にも少なからず貢献している。ページの関係でそれらすべてをこの本で紹介できないのは残念である（興味のある方は、伊藤嘉昭編『不妊虫放飼法―侵入害虫根絶の技術』を読んでください）。

第6章　根絶のこれから

ミカンコミバエとウリミバエの根絶に成功し、アリモドキゾウムシは二つの離島（久米島と津堅島）から完全に駆逐できた。農林水産省と沖縄県・鹿児島県の作戦は、時間がかかったものの、ここまでは大成功だったと言えるだろう。

しかし、久米島で根絶を達成した2013年には、現在の技術では南西諸島全域からアリモドキゾウムシを根絶することは難しいことがわかってきた。久米島で根絶した技術では、例えば沖縄本島や奄美大島などの大きな島を十数メートル四方に区切って、一区一区しらみつぶしにアリモドキゾウムシを駆逐して確認する作業は、人件費をどれだけかけたとしても難しいだろう。

放した不妊オスがミバエのように広範囲に飛んで行かないアリモドキゾウムシでは、最後の1匹までゼロにする不妊化法は本当に適しているのだろうか。久米島や津堅島のように、しらみつぶし作戦を強行するには、沖縄本島や奄美大島は面積があまりにも大きすぎる。久米島での根絶で実感できたことだ。読者の方は驚くかもしれないが、実はアリモドキゾウムシを根絶できたとしても、根絶地域からサツマイモを移動することは不可能なのだ。

なぜならこれらの島々にはもう一種類の特殊害虫であるイモゾウムシ（写真6－1）が存在しているからだ。イモゾウムシもアリモドキゾウムシと同様、幼虫がサツマイモを食い進んで多大な被害を与える。2種とも根絶しなくては、サツマイモを本土に移動することはできない。

6－1　イモゾウムシの成虫（体長3.2～3.6ミリ）

1947年に新たに沖縄本島に侵入した特殊害虫のイモゾウムシに関しては、根絶法はまだ開発されていないし、どこにどれだけの虫が存在しているのか、それを調べるために必須の有効なモニタリング技術すら確立されていない。イモゾウムシという新たな脅威については、第7章で詳しく述べる。

さらに本章の前半で述べる第三の侵入有害ミバエの出現もあった。特殊害虫の根絶事業が直面している問題点について、できることとできないことを整理して考える必要性について本章では論じてみたい。

第三のミバエ

今（2024年）の沖縄では、八百屋で購入したシシトウガラシからミバエのウジ虫が見つかることがある。これはナスミバエという種類のミバエであり、ミカンコミバエ、ウリミバエに続く、日本における第三の侵入有害ミバエである。

ナスミバエは、ミカンコミバエに近いミバエで、東南アジアに広く分布する他、ハワイ、アフリカの一部にも生息する。その名のとおり、幼虫が食するのはナス、トマト、ピーマン、シシトウガラシなどのナス科植物と一部のウリ科植物である。例えばマレーシアでは唐辛子の6～7割が被害に遭っていると言われている。

少し時を遡ろう。日本ではじめてナスミバエが見つかったのは与那国島で、1984年のことだ。第1章で述べたミカンコミバエ根絶調査のため果実調査を行っているときに、果実からミカンコミバエと異なるミバエらしき幼虫が見つかった。それがわが国におけるナスミバエの初確認だった。翌85年もナスミバエが見つかったが、その後、99年10月に再び与那国島で見つかるまでの14年もの間、本種が発見されることはなかった。

1999年から2003年の間、改めて与那国島で、果実に幼虫が入っているか、主にナス科の植物を中心に調べられた。すると99年には与那国島の南に位置する集落と、北東と北西の集落にナスミバエがすでに定着していることがわかった。２０００年以降、ナスミバエの分布地域は拡大の一途をたどり、２００３年には島のほぼ全域に蔓延した。寄生する植物もウリ科で2種、ナス科の野生植物で2種、栽培植物では4種（シシトウ、トマト、ミニトマト、ナス）から、幼虫による被害が見つかった。被害はほぼ年間を通して見られたが、被害率が高くなるのは毎年6～7月だった。

与那国島での蔓延の知らせを受け、国は２００４年11月に植物防疫法の規定に基づく農林水産大臣によるまん延防止対策及び防除指示を沖縄県に発出した。すると韓国が九州及び南西諸島からのトマトの輸入を禁止した。農林水産省は、発生が与那国島に限られていることを韓国に説明し、２００６年8月に、輸入を禁止する地域は与那国島のみとなった。農林水産省の指導のもと、沖縄県では２００４年10月から与那国島におけるナスミバエの根絶事業が開始された。

最西端での根絶

ナスミバエの誘引剤には、ミカンコミバエやウリミバエの誘引剤のように、オス成虫を強力に誘引できるものがない。そのためオス除去法は成立せず、ウリミバエと同じく不妊虫を増産して放す不妊化法の技術が２００４年から07年にかけて確立された。同じミバエでも種類が異なると飼い方も異なるので、飼育が軌道に乗るまで多少の時間がかかる。

当時、沖縄本島の南に位置する糸満市に移転した沖縄県農業研究センターでは、人工飼料の開発、大量増殖に適したナスミバエの系統が確立された。およそ4年弱というスピードで本種の不妊虫放飼に必要な技術を確立できたのは、ウリミバエの根絶を経験し、ミバエの不妊化法を熟知する県のスタッフが在籍していたことに加えて、ナスミバエがミカンコミバエと同じ*Bactrocera*という属に分類される近縁種だから。つまり近縁種なので生態や行動が似ているという理由も大きい。

与那国島でまず取り組まれたのは、蔓延したナスミバエの野生虫の密度を減らすことだった。産卵の栄養を取るために野外でメスが舐めることが知られているプロテイン剤を、２００４年から06年にかけてナスミバエの発生が多い地区に散布した。これはウリミバエの根絶でも活躍した方法である。さらにナスミバエが寄生する野生のイヌホオズキなどの果実が徹底的に除去された。こうして野外のナスミバエの密度を抑圧した後、いよいよ糸満で増殖したナスミバエの不妊虫が２００７年9月より与那国島に放たれた。

糸満で増殖し、那覇の照射施設で不妊化された蛹は、飛行機に載せられ、石垣島を経由して与那国空港に運ばれた。そこから、およそ1万匹の蛹を入れた放飼カゴを島のあちらこちらに配置し、毎週、40～50万匹の不妊虫が与那国島に放たれた。

放した数はウリミバエに比べるとずいぶん少なかったが、事前に野生虫の密度を抑圧した効果も相まって、あっという間にナスミバエの数は減り、２００８年12月までナスミバエの被害は一切見られなくなった。２００９年に寄生された果実が見つかったものの、同年4月以降２０１０年12月までの21か月間、ナスミバエに加害されたナス科の果実は見つからなかった。

根絶を確認するための農林水産省による現地調査が、２０１１年4～5月にかけて行われた。この期間に、与那国島ほぼ全地域の３６０か所以上の地点から、17万個以上のナス科とオキナワスズメウリの果実を集め調べたところ、ナスミバエの幼虫はまったく見つからなかった。

みなさんは、こんなに小さな島から17万もの果実を採集したら、島から果実がなくなってしまうと思うかもしれない。安心して欲しい。採取した果実のほとんどは、イヌホオズキの仲間や、野生のナスや野生のウリ科であるオキナワスズメウリであり、採取した栽培植物の多くはミニトマトとシシトウだった。

この確認調査が行われた2011年5月、専門家の一人として僕も岡山から与那国島に飛び、根絶の現場で丁寧に説明していただいた。現地で根絶調査が適切に行われたかを確認し、評価報告書を提出、11年8月19日に農林水産省のウェブサイトで与那国島からのナスミバエの根絶が宣言された。これは不妊化法によるナスミバエの世界ではじめての根絶事例である。

元の木阿弥（もくあみ）

さて、もう一度述べるが、与那国島のナスミバエも含め、本書のここまでは、まぎれもなく輝かしい根絶のサクセスストーリーである。日本の、そして沖縄の根絶作戦チームの完勝だ。ミカンコミバエを南西諸島と小笠原諸島から、ウリミバエを南西諸島から、アリモドキゾウムシを久米島と津堅島から、そしてナスミバエを与那国島から、それぞれ1匹残らず駆逐したのだ。1匹残らず、である。わが国は着実に、そして完璧に根絶を達成してきた。

しかし、皮肉なことに、与那国島でのナスミバエ根絶が目前に迫った2010年12月13

日、なんと沖縄本島のウリミバエ・ミカンコミバエ用の罠で、ナスミバエが誘殺された。その後、一斉に沖縄本島で調査を行ったところ、ナスミバエは中部ではすでに多くの発生が見られ、南部や北部でもその発生が確認された。誰も知らぬ間に蔓延していたという恐ろしい出来事が起こってしまったのだ。

11年5月、与那国島でのナスミバエ根絶状況の確認を報告するために那覇にある植物防疫事務所で開催された会議で、沖縄本島に新たに侵入したナスミバエの発生に関する意見交換会も行われた。まったく皮肉な話である。

誰も知らぬ間に蔓延したことは、この虫の生態がもちろん関係している。ナスミバエには誘引剤はあるにはあるが、その誘引力が強くないことは先に書いたとおりである。ミカンコミバエのメチルオイゲノールやウリミバエのキュールア、アリモドキゾウムシの性フェロモンのような強力な誘引剤はなかった。２０１９年の段階でも誘引剤の開発研究は行われていたが、いまだに強力な誘引剤は開発されていない。そのため本種が低密度で生息しているとき、その存在を感知するには、今も果実調査しか有効な手段がない。与那国島で行ったような徹底した被害調査でしかモニタリングできないのだ。

そのためナスミバエが低密度で農地に潜伏しているときに、それを見つけるのは容易ではない。前述のように、与那国島で14年間も見つからなかったことや、沖縄本島であっという間に蔓延した裏には、低い密度で少数の個体が島のどこかで生息していた可能性を排除できない。

思い出して欲しい。ニップリング博士が掲げた3番目の条件、つまり「低密度での発生レベルを追跡できる」という条件にナスミバエは該当しない。この点は、ミカンコミバエなどの強い誘引剤のある特殊害虫とはまったく異なることは強調しておくべきだろう。与那国島でナスミバエが見つかったときも、ミカンコミバエの根絶確認のため徹底的な果実調査を行った際に、ついでに、という感じで見つかったのである。

作戦の大転換

資源も予算も限りはある。関係者の気持ちは察してあまりあるが、農林水産省はナスミバエを根絶の対象外とした。沖縄本島では、ナスミバエの寄生する果実の種類が、他のミバエほど多くないということもあった。

さらに当時、僕が農林水産省の方々に聞いた話では、ナスミバエの問題で輸入を止めている国は、お隣の韓国だけだったので、防疫上、世界的に見れば大きな問題とはならないこともあって根絶の対象から外したとのことだった。外交カードという視点からの判断である可能性が大きいと僕は考えている。

根絶するとなると、虫を大量に増殖して、放飼して、罠でモニタリングして根絶を確認しなくてはならない。そのためには多大な税金が投入される。では経済的に重要で、根絶すべきミバエにはどのようなものがあるのだろうか。

まず輸入禁止対象病害虫としてミカンコミバエとウリミバエがいる。他にも日本には未侵入だが、特定重要病害虫に、欧米で蔓延するチチュウカイミバエ、南米に蔓延するミナミアメリカミバエがいる。これらは寄生する果菜類の数がとても多く、わが国の作物を防疫によって守る必要性が十分に高い。

先に述べたように、防疫上問題となる相手国が限られるナスミバエも、これらに次いで経済的に重要な被害をもたらす害虫と、当初は位置づけられていた。根絶をあきらめた今、沖縄本島に蔓延したナスミバエに寄生された果実が、九州や西日本、関東の市場に出荷されてしまい、九州以北の地域でナスやトマトの産地に大きな経済的影響をもたらす日が来るのは遠くないと思っているのは、僕だけだろうか。

スーパーで販売しているナス科野菜からウジ虫が出て来るという熱帯・亜熱帯などで見

られる現象は、温暖化の進んだ将来の日本では十分ありうる事態である。

その後、ナスミバエは沖縄諸島全域、宮古諸島、八重山諸島の広範囲にその分布を広げ、完全に定着した。今ではいったん、根絶宣言を行った与那国島にも再侵入して何事もなかったかのように蔓延している。根絶がゴールでないことはここでも明らかだ。

2019年に作成された沖縄県のリーフレットを見ると、「ナスミバエは、幼虫がトウガラシ類の実を好んで食害し、沖縄本島で発生が確認されて以来、発生地域が徐々に広がっています。農作物を守るため、未発生地域へのまん延防止にご理解とご協力をお願いします」と書いてある。島唐辛子は乾燥や冷凍食品に加工されたり、泡盛に漬けたコーレーグースーと呼ばれる沖縄そばの薬味として重宝される。泡盛に漬けた状態の島唐辛子を沖縄県外に持ち出すことは問題ない。

けれども生の唐辛子果実をまだ侵入のない県外と北大東島に持ち出すのは、規制ではなく、自粛とされている。ちなみに鹿児島県の徳之島、沖永良部島（おきのえらぶじま）、与論島でナスミバエが確認されたのは2017年のことだ。鹿児島以北では広域的な調査が行われていないため、低密度での発生をモニタリングできる技術のないナスミバエが、現在、どこまでその分布域を北上させているのか不明である。

さて、特殊害虫の根絶には終わりどころか、そのはじまりも見えない重大な問題がもう一つ潜んでいる。それが難敵イモゾウムシの根絶だ。

難敵

沖縄県と農林水産省は、久米島そして津堅島からサツマイモの大害虫であるアリモドキゾウムシの根絶に成功した。

では、ミカンコミバエを根絶した島々からタンカンや早生温州（わせうんしゅう）ミカンが、そしてウリミバエを根絶した島々からウリ類やマンゴーなどを県外に出荷できたのと同じように、アリモドキゾウムシの根絶に成功したこれらの島々から、サツマイモを出荷できるようになったのであろうか？　ここまで読んでくださった読者のみなさんならご承知のように、答えは「ノー」だ。

アリモドキゾウムシを根絶できたところで、根絶した島々から生のサツマイモを持ち出せない。なぜなら、南西諸島にはサツマイモを加害する特殊害虫が他にも存在するためだ。それが指宿でも問題になったイモゾウムシである。

サツマイモに与える被害の様子はアリモドキゾウムシと同じで、成虫がイモの茎の地際

6−2　イモゾウムシの幼虫に食害されたサツマイモ

部に卵を産む。卵から孵化した幼虫はサツマイモの塊根を食い進み（写真6－2）、やがて蛹になる。蛹から羽化した成虫は地表に現れて、サツマイモをかじりながら歩き回り、オスはメスを、メスはオスを探して交尾し、またメスが産卵するという繰り返しである。

しかし、アリモドキゾウムシと異なる点がある。この点が根絶という視点で考えると重要になってくるのだが、イモゾウムシは決して飛ばないということだ。そしてもう一つ、この虫はとても飢餓に強い。飢餓だけでなくさまざまな環境条件に耐性があり、頑健である。

イモゾウムシは1947年の第二次世界大戦後の混乱期に、米軍基地の多い沖縄本島中部で発見された。本来、西インド諸島や南米、太平洋諸島に生息するこの虫が、どうして沖縄本島で突然、見つかったのだろうか。

人による持ち込みと考えるしかなさそうだが、持ち込んだのがアメリカ軍なのか南米からの移住者なのか、あるいは南方からの引き揚げ者なのかはわかっていない。その後、イモゾウムシは沖縄諸島、八重山・宮古諸島、奄美諸島にまで侵入し、蔓延してしまった。新たな侵略的外来生物である。第3章でも紹介したが、イモゾウムシは鹿児島県の指宿にも定着したことがある。2008年のことで、寄主を根絶やしにする方法で、3年間で指宿では根絶にいたった。では、南西諸島でもイモゾウムシは根絶できるのだろうか。

これまでの技術が使えない？

津堅島でアリモドキゾウムシが根絶にいたったことは、第4章で述べた。僕はこの島でイモゾウムシも同時に駆逐してから根絶宣言を出すべきだと、専門家として言い続けてきた。だが、いったん、アリモドキゾウムシだけでも根絶宣言を出さないと、現場で根絶に向けて努力している方々の心が折れるのではという意見が優先され、まずはアリモドキゾウムシの根絶が2021年4月に宣言された。

津堅島では、引き続きイモゾウムシの根絶事業を行っており、寄主植物を除去する方法で、近いうちに指宿と同じように根絶できるのではないかと期待している。隔離された津堅島で2種のゾウムシが根絶されれば、この島で採れたサツマイモは、本土にだって出荷できる。サツマイモの産地として島を活性化させる政策も可能となるはずだ。

さて、津堅島は周囲7キロ、面積1・88平方キロメートルの小さな島だ。これに対して指宿で根絶した範囲は、9・27平方キロメートルだった。根絶は不可能ではないだろうと僕は考えている。ではもっと大きな島ではどうだろうか?

先にアリモドキゾウムシを根絶した久米島の面積は59・53平方キロメートルで、指宿での根絶面積より6・4倍も大きいし、地形も起伏に富んでいる。しかも、指宿の防除区域には、僕たちの知る限り、イモゾウムシがもっとも好んで産卵する大好物のグンバイヒルガオがなかった。

6－3　グンバイヒルガオ

グンバイヒルガオ（写真6－3）は海岸の砂浜に横方向に蔓を張って広がるヒルガオ科の植物で、陸地から砂浜にかけて綺麗（きれい）な緑が広がる景観植物としても有名だ。この美しい植物を、例えば沖縄諸島の島中から除去してしまうことは現実的だろうか。たとえ小さな島でも、景観植物でもある浜辺に生えるヒルガオ類をすべて除去するのは不可能ではないか。

では、オスを消す技術や不妊化法は使えないのか？　まずオスを消す技術だが、イモゾウムシに有効な誘引フェロモンは今のところない。イモゾウムシのメスの体表には性フェロモンはあるのだが、この物質はほぼ揮発しない。オスがメスの体表に触れて、はじめて感知できるというタイプのフェロモンである。つまり、オスを強く誘引できる技術がないのである。

では不妊化法はどうだろうか。沖縄県ではイモゾウムシの人工飼料の開発にもすでに成功し、大量増殖して不妊化する技術は確立している。沖縄県の研究員はその他にも、この虫の分散能力の推定、交尾行動の解明や、不妊化の技術、野外における個体数の推定などさまざまな研究成果を公表している。しかし、不妊化法の成功を確実にする技術はまだ確立されていない。

不妊化法がどういう状況でその威力を発揮するのか、思い出して欲しい。野外に生息する害虫の数が少なくなったときほど、不妊オスは標的を定めた追撃ミサイルのように正確にメスとの交尾に向かう。そして、少なくなったときの害虫の数を数えるモニタリング技術を持つことが必須である。

ところが、この虫に有効な強力なモニタリング技術はまだ開発されていない。研究員だけでなく、職員一同も根絶対象のイモゾウムシのヤバさを認識しており、みなが少しでも不妊化法のために役立つ技術の改良を模索している。

沖縄県と同じ問題は、鹿児島県の喜界島でも生じている。１９９９年よりアリモドキゾウムシの根絶を目指している喜界島にも、95年にイモゾウムシが侵入してしまい、同年のうちには奄美諸島全域に分布が拡大した。しかも喜界島ではアリモドキゾウムシの生息密度が久米島より高いという情報もあり、ゾウムシ類の根絶作戦は苦戦が続いている。

一筋の光

そんななか、一筋の光が見えてきた。沖縄県の放射線照射技術者の一人が中心になって、イモゾウムシが緑のケミカルライトに誘引されるという先駆的な発見をしたのである。

この発見によって、ケミカルライトとサツマイモを組み合わせた罠が、津堅島やその他でもイモゾウムシのモニタリングのために使われている。しかし、光を用いた罠はフェロモンほど強力でなく、地域に残っているわずかな虫のほとんどすべてを誘引できるまでには、その技術は確立されていない。もう少し技術の改良が必要だ。

この点が、イモゾウムシの根絶の上でもっともネックになっている点だ。なんとかしなければならないという思いはみな共通していた。岡山から南西諸島の現状を逐次見聞きしていた僕も、性フェロモンに期待できないイモゾウムシでは、別の誘引技術の確立を考えなくてはならないと感じ、光によるライト罠にすがってみた。

２００８年頃には、それまでの蛍光灯に変わる新しい光としてＬＥＤライトが急速に世の中に広まりはじめていた。当時、農林水産省の技術開発部門（農林水産技術会議）では、ＬＥＤライトが農林水産業にも応用できる可能性を探るために、産学官の研究員を動員した大型のプロジェクトをスタートさせた。国、都道府県、企業など合わせて30以上もの研究機関が参画した「害虫の光応答メカニズムの解明及び高度利用技術の開発」という計画である。

これは大きな研究推進プロジェクトで、２００９年から13年までの5年間続けられた。岡山大学で米や小麦の害虫である貯穀害虫の研究をしていた僕は、小麦や米などを扱う精米所、パン工場、麺類工場、菓子工場などの生産現場で大問題となっていたタバコシバンムシという害虫に対して、ＬＥＤを用いて防除、あるいはモニタリングできる技術を開発するため、このプロジェクトに参画させていただいた。

ＬＥＤだと赤、緑、青、黄、紫外光など単一の光を放出できる。面白いことに害虫によって好む色が異なり、大害虫のタバコシバンムシは紫外光をもっとも好むことがわかった。そして5年間の研究成果として、複数の企業と連携して発生モニタリング用の誘引罠を開発することにも成功した。タバコシバンムシは、ＬＥＤの光強度を強くするほど飛躍的に誘引力が高まる性質を持った虫であることもわかった。

この研究成果に気をよくした僕は、ＬＥＤによる誘引技術がイモゾウムシにも使えるのではないかと考えた。そこで当時、沖縄に何度も足を運んで、まずイモゾウムシが何色のＬＥＤを好むのかについて調べた。まず驚いたのが、同じ甲虫なのにイモゾウムシはタバコシバンムシの好んだ紫外光よりも、緑色のＬＥＤにもっとも多く集まったことだ。そこで僕は大学院生らとともに、緑のＬＥＤを使ったイモゾウムシ用のライト罠を開発した。

撃沈

この成果には国の特殊害虫を扱う方々も注目した。行政と研究者がともに新たな技術の開発を目指すことを支援するレギュラトリーサイエンス新技術開発事業というのがある。

2011年、僕はそこに、農林水産省で特殊害虫を扱う部局の担当者とともに応募し、採択された。研究課題名は「サツマイモ等の重要害虫であるイモゾウムシの根絶のための実用的な光トラップの開発及び防除モデルの策定」である。国の切なる要請もあり、課題名は根絶を見据えた防除モデルの策定までを視野に入れるものだった。

2011年と言えば、世界ではじめて久米島において不妊化法による甲虫の根絶を達成できるという確信が得られた年でもある。第4章に書いたように、2013年には久米島でアリモドキゾウムシが根絶された。次はイモゾウムシの根絶だという気運が現場では膨らんでいた。

緑色のLEDを使ってその光強度を強くすれば、イモゾウムシの優れたモニタリング技術の開発ができると僕は高を括っていたのだと、今では思う。

このプロジェクトは、国の植物防疫機関の助言のもと、岡山大学を中心として、他に農林水産省の九州沖縄方面の研究機関、沖縄県と奄美大島の研究機関も参画して、3年間、さまざまなLED罠の開発に取り組んだ。奄美大島や沖縄に僕たちは何度も出向いて、罠に改良を重ねては現場のサツマイモ畑に仕掛けて、イモゾウムシが大量に誘引されるのを待った。

沖縄県や鹿児島県の研究者は、イモゾウムシを観察しながら現場でさまざまな工夫を罠に施し、実用化できるのではないか、という一歩手前まで来る技術の芽もいくつか汲み取れた。だが、３年間で実用的な光による罠の開発及び防除モデルの策定を完成しなくてはならなかった。

いよいよ事業の最終年度となる３年目には、タバコシバンムシで大量の誘引に成功したのと同じく、たくさんの緑色ＬＥＤを装着した大仕掛けの罠を、地元企業の協力を得て作成した。ところがタバコシバンムシで成功した、このＬＥＤをたくさんつければ良いという発想は、難敵イモゾウムシの前に、あえなく撃沈したのだった。

イモゾウムシは、たくさんの緑ＬＥＤを装着した、まるで昼間のように明るい罠にはまったく誘引されず、緑のＬＥＤを１個だけつけたボーッとした弱々しい緑色を放つ罠に、より多く集まるのだった。これでは、先に開発されていたケミカルライト罠の効果とほとんど変わらない。３年間、プロジェクトを牽引しながら、イモゾウムシを強力に誘引できる罠をついに製作できなかった。期待されながら結果を残せない惨めさを味わいながら、穴があったら入りたいくらいに僕は心折れて挫折した。

現在、津堅島では、生のサツマイモと緑色のＬＥＤ数個を仕掛けた罠でイモゾウムシをモニタリングしている。しかし、この罠だけでイモゾウムシの完璧なモニタリングを行うのは困難である。そのため、低密度になったときにイモゾウムシを検出する術は、徹底的な寄主植物の切開調査しかないのが現状である。

先にも述べたように、小さな島であってもヒルガオ科の徹底的な除去は不可能だろう。沖縄本島や奄美大島のような大きな島全域からサツマイモ、ノアサガオ、グンバイヒルガオを含むすべてのヒルガオ科植物を駆逐するのは現実的とは思えない。新しい罠の開発が必要だ。そのためには虫の行動と生態を掘り下げる基礎研究に力を入れ、新しい技術を開発するしか道はないと思う。

消えた指定試験事業

前章で述べた基礎研究のいくつかは、「指定試験事業」と呼ばれた仕組みのなかで行われた。ミバエ研究室も全国に数多(あまた)あった指定試験地のうちの一つだった。

第1章で述べたように、指定試験事業は、もともと地方の風土に適した米や作物の品種を作るために、国の研究所ではできないことを地方の試験場に資金を渡し、主任研究者も国から派遣して委託するという仕組みだった。1926年にはじまった事業は、稲はもちろんのこと、作物や果樹の品種の育種を各地の試験場が行い、その地方独自の名産品を世に送り出していた。

なかでも指定試験地の目玉成果は、「コシヒカリの育種」、「ササニシキの育種」、「ウリミバエの根絶」だった。当時、霞が関の農林水産省本省の1階に、指定試験の3大成果として、この三つのパネルが展示されていたのを覚えている。

ミバエ類やアリモドキゾウムシの根絶の基礎的な知見の多くは、この指定試験事業から発信されている。ミバエ研究室は１９７７年にスタートし、ミバエを根絶した翌年の94年までの17年にわたり、１１０編を超える特殊害虫の研究成果を論文として公表した。

この制度の良いところは、主に二つあったと僕は思っている。一つは国から県に派遣される主任の存在だ。数年は県職員としてその地に暮らす主任と、県で採用された研究員が、密に連携を図って事業を進める。県の抱える状況や課題は、主任を介して国の研究機関にフィードバックでき、さらなる連携が生まれる。ミバエ研究室の最初の主任（かつ室長）は伊藤嘉昭だった。

派遣される主任には苦労も多かったと思われるが、数年でもその県の職員として課題解決に向けた基礎研究を一緒に経験することは、地方の研究者をどれほど育てたことだろうか。しかし、指定試験事業は2010年度で終了となり、目の敵にされた天下り人事と一緒にされたのか、主任の派遣も廃止されてしまった。

もう一つは、育種事業や病害虫防除の基礎的な研究に5年から10年、ときにはそれ以上の長いスパンで取り組めたことだ。数年では、地道で基礎的な研究に成果はなかなか生まれない。研究の過程で見えてきた新しい発見を、どう事業のなかに捉えて課題の解決を進めていくか、それには息の長い研究の継続が必要だ。

なくなるときはなくなるもの

1994年に、ミバエ研究室は「南方系侵入害虫まん延防止のための最適防除技術の開発」に課題を変え、アリモドキゾウムシの根絶とミバエ類の再侵入防止のための基礎研究の拠点として邁進(まいしん)した。僕が在籍したのは1990年から99年の10年だったが、その後は、後輩たちが着任し、根絶事業を基礎から支え続けた。

指定試験事業の終了当時、すでに大学に転職していた僕だが、ミバエ研究室のOBの方々と、現場で頑張っている指定試験地の方々とともに、廃止に反対するための資料を2009年に作成した。基礎研究を担う指定試験地がいかに根絶事業を支えてきたかを説明する資料を作成したのだ。

また当時の指定試験地担当者は霞が関に足を運んで何度も説明し、陳情をされた。しかし、その努力もむなしく、全国の指定試験地は国策のもとに一刀両断、あえなくお取りつぶしとなった。どれだけ根絶事業に大切で、貢献してきたものであっても、国の事情によって壊されるときには一瞬でなくなってしまうものだ、と僕はそのとき痛感した。世界に誇る根絶事業とは言え、政治が廃止を決めたものを個々に覆せるわけはなかった。

これから根絶チームが戦わなくてはならないのは、やすやすとは勝てないラスボス的なイモゾウムシである。イモゾウムシは昆虫学者の僕から見ても、絶望的に根絶に不向きな害虫で、まだまだ行動や生態に未知な部分が多い。

だからこそ、イモゾウムシの野外での生態をじっくりと観察し、彼らの生態を知り尽くして、そこから根絶に向けてのヒントを得る基礎研究こそが必要だ。

しかし、その研究拠点としての指定試験地はなくなった。特殊害虫の根絶に的を絞った研究機関を失くした沖縄県と国が、どうやってこのラスボスに立ち向かうのか。同時に、頻発するミバエ類やアリモドキゾウムシの再侵入防止事業に多大な力を注がなくてはならない現場で、誰がイモゾウムシの根絶を目指した研究に取り組むと言うのか。

選択と集中

その後、指定試験に代わって、「新たな農林水産政策を推進する実用技術開発事業」が誕生して今にいたっている。新たな制度は公設試験研究機関、農研機構、普及組織、農協、民間企業などと連携して、3年計画で実施する制度である。3年間で成果を上げる、いわゆる出口の見える事業を公募して競争をさせる「選択と集中」がはじまったのだ。

世の中の多くのことには良い面もあれば悪い面もある。だが、日本の将来の科学技術を支える基礎研究においては、この制度は、研究者の間では評判がよろしくないことは、最近よく言われるようになってきた。

基礎研究というのは、実は多くの結果が無駄になる可能性を持っている。研究では、当初予想していなかった寄り道の研究から新しい展開が見え、それに研究者魂が燃え上がって、当初思ってもみなかった成果が出ることは多い（疑わしいと思われた方は、拙著『したがるオスと嫌がるメスの生物学』（集英社新書、2018年）、『「死んだふり」で生きのびる』（岩波書店、2022年）を読んでください）。

何十年、何百年先に人間にとって役に立つ成果は、どこに潜んでいるかわからない。そのような研究の無駄を包み込むのも国力の一つなのではないかと、僕は考える。科学の成長が見込めない未来の日本を「仕方がない」としてしまって良いはずはない。

農林水産省の傘下を出て、その後、僕が転職した文部科学省の管轄する国立大学でも、大学での自由な研究を支えてきた運営交付金が毎年減らされ続け、「選択と集中」の原理が持ち込まれた。

「選択と集中」にも、もちろん良い面があり、それまでの研究の蓄積の上に膨大な資金が投下されれば、世界トップクラスの研究成果も出る。人類に役立つ分野も多い。優秀で若い人材と巨額な予算があれば、人類に役立ち、世界に誇れる成果が出るのは確かである。

けれども、生物に多様性が必要なように、研究にも多様性は大事なのである。予測不能な将来に、どの技術が役に立つのかわからないことも多い。いろんな研究者がいて、いろんな研究をやっていることが大切なのだと思う。それが人類にとっての知識の蓄積である。その蓄積から新たな成果が出て来るわけだ。

苦肉の策

本書を読んでいただいた方には十分にわかっていただけていると思うが、根絶事業のような作戦には、何年、何十年もの地道な研究と防除が必要である。3年とか5年で成果の出る研究とは相容（あいい）れない実態がある。もちろん世の中には、3年や5年で解決すべき多くの課題があるのは当然だ。

だが、根絶のような事業の場合、事務作業は引き継ぎできるが、研究という作業は、特に研究を統べる人の仕事は基本的に引き継ぎができない。人材によって視点やスキルや発想が異なるし、研究者という人材を育てるには時間もかかる。

では今の特殊害虫の研究は、いったい誰が支えているのだろうか。指定試験地がなくなり、県の予算として特殊害虫の研究員ポストが削減されるなか、沖縄県の特殊害虫関係者は苦肉の策を打ち出している。

国から配分される予算を工面して任期付きの若手研究員を雇っているのだ。国からの予算には特殊害虫の飼育や管理をする人件費も含まれている。現場ではそのなかから、現地で研究する博士号を持った人材を期限付きで、しかも年更新の研究員（アルバイトとも言える）として雇っている。

博士号を取得してもなかなかアカデミア（研究職）につけない昨今の事情を利用しているとも言えるが、彼らは安月給で働いている。人件費を工面する方も限られた予算なので、決して実力に見合った賃金で雇用されているわけではないと思う。

雇用されたポスドク（博士号を持つ任期付き研究員）たちは、今では、かつての指定試験地の役割を担ってあまりあるほど、アリモドキゾウムシやイモゾウムシの研究に邁進し、2022年にはアリモドキゾウムシの久米島と津堅島での根絶の記録を、英語論文としてそれぞれ世界に公表した。国の根幹を担う人材が任期付きの職員だというのが、根絶事業の世界でも生じているのである。

次章で詳しく述べるが、さらに厄介なことに、ある脅威が2015年頃から南西諸島を脅かすようになった。

ミカンコミバエの再侵入である。現場では、国と県職員とアルバイターたちが2種のミバエの再侵入を防ぎながら、難敵である2種のゾウムシを琉球列島の各地で根絶するという難題に直面しているのだ。

ミバエがどこかの離島に発生したと聞けば、スクランブル出動をし、初動防除に向かう。そのかたわらで基礎研究を続けて論文も公表し続ける彼らの姿を見ていると、こういう若手こそ任期付きではなく、常勤の研究者になる「新しい日本」を目指して欲しいと切に願わずにいられない。さらにここには沖縄という問題も絡んでいる。

沖縄という問題

もしミバエ類が海外から侵入したらどうなるだろうか。

週に2億もの虫を生産することのできるミバエの増殖工場を管轄している沖縄県だが、施設の維持や雇用の多くを民間会社に委託している。かつては農林水産省が財務省より受けた予算だった。

ここにも長い間、アメリカの支配を受け、その後日本に復帰した沖縄の苦悩が深く関係している。どういうことか。

１９６９年度から２０１１年度まで、特殊害虫を根絶させる事業の予算は農林水産省が直轄で管理していた。ところが２０１２年度に根絶事業の予算は農水省直轄から、沖縄振興特別措置法の改正で創設された沖縄振興一括交付金の中に移し替えられた。

一括交付金とは内閣府が管轄する予算で、根絶事業の予算は一括交付金のうち、沖縄の実情に即してより的確かつ効果的に施策を展開するために、沖縄振興に資する事業を県が自主的な選択に基づいて実施できる「沖縄振興特別推進交付金」という資金として管理されている。

良い言い方をすれば、沖縄の自主性に委ねる予算ということになる。けれども現場から聞こえてくる声に耳を傾けると、これは丸投げに見えたりもする。根絶事業に限って言えば、沖縄のことは農林水産省が直接責任を持てないという構図となる。ところが九州以北は農水省の直轄なのだ。いわゆる日本の縦割り行政である。

ミバエ根絶は、農水省と沖縄県が両輪のごとく進めてきた。ところがこの両輪の間に内閣府が入ることになり、現場サイドからは農水省との間に溝ができたようにも見える。さらに一括交付金は、沖縄県の裁量で予算配分できるため、国の事業でもある特殊害虫対策について、沖縄県は知らないという態度を取ることさえ可能である。

伝え聞くところでは、一括交付金はその使用範囲が広いため、沖縄県の管轄同士でパイの取り合いになっているとも言う。この一括交付金は2021年度まで続き、その後は農水省に管轄が戻ると思われたが、沖縄振興特別措置法の延長に伴って、なんと2032年まで延長されることとなった。察するに政治的な理由だろう。根絶に関する事業は、沖縄の事業と九州以北の事業がまったく切り離されてしまった。

九州以北の問題は農水省が、沖縄の問題は内閣府の管轄になったのだ。そのため特殊害虫に直面している県同士の情報共有の場がほとんどなくなってしまっている。これは大きな問題だと僕は思う。特殊害虫の問題に直面している全国の都道府県担当者と国が、すぐにでも情報を共有できる場を、ミバエ根絶作戦のときのように持つ必要があるのではないだろうか。

一つの未来

公務員の数も削減され、新型コロナの流行もあった。また最近は働き方改革の影響で、特殊害虫が突発的に出現した際の緊急勤務も困難になってきたとも聞く。害虫駆逐作戦は、害虫の生態によって人が時間を合わせなくてはならない部分がどうしてもある。害虫に寄りそわなくては、敵である害虫の情報を逐次得ることは困難だ。

国も県も、現場で罠を調査する市町村の方々も、今は当然、働き方改革に従わなくてはならず、融通が利かないとの声も現場から耳にする。ウリミバエは夜に交尾をするため、不妊オスが野生メスと適正に交尾できているかをチェックする研究員も手当なしの深夜勤務が当たり前の時代だった。それはそれで問題だとは思うのだが、相手が虫では仕方ない。夜行性のアリモドキゾウムシやイモゾウムシの駆逐のために、敵の生態を知ろうとしても、「定時の5時で帰ります」では土台無理があるのではないだろうか。働き方改革に反対する気は毛頭ない。ではどうするか。

根絶事業の基礎研究を支える若手非常勤職員を安定して雇用できる組織を作り、彼らによってミカンコミバエ、ウリミバエ、アリモドキゾウムシと次々と根絶技術を確立してきた日本の力を、世界協力に振り向けることも一策だと思う。

実は過去にも海外への協力の話は何度もあった。南西諸島へのミバエ類の再侵入を防ぐために、日本で増殖したミバエで台湾のミバエを抑圧しようという気運が高まり、二国間交渉に近いところまで進んだこともあったが、これは台湾と中国の関係から、その進展が困難なままだ。

またウリミバエを根絶したときには、沖縄に世界に貢献するミバエ国際研究センターを作ってはどうか、という話も何度か出たように記憶している。しかし、これらの話はどれも実現せず、国際援助機関を通して、海外のミバエ問題に専門家が個別に対応する、もしくはミバエ発生国の職員を招いて沖縄で研修を行うレベルに留まっている。若くて有能なのに、安定した研究職につけない若手研究者のために、日本でそのような国際機関を立ち上げるのも一手ではないだろうか。

そして、よく飛ぶミバエ類、あまり飛ばないアリモドキゾウムシ、まったく飛ばないイモゾウムシと、基本的な生態の異なる特殊害虫の根絶には、まだまだ基礎的な研究が足りないと筆者は危機感を抱いている。

そのようなことを考えているうちに、日本農業にとって重大な危機が迫って来た。今、西日本で目前に迫って来ている「その脅威」とは、一部、報道もされているミカンコミバエの再侵入である。そしてアリモドキゾウムシも何度か、九州、四国、そして本州にも侵入しているのだ。

第7章　そして再侵入がはじまった

2010年を過ぎた頃から、もっとも恐れていた脅威が少しずつ忍び寄っていることを、根絶事業に携わった現場の研究員や専門家たちは気づいていた。ミカンコミバエのオスが夏場、南西諸島に仕掛けた罠でよく見つかるようになってきたのだ。1年のうちに、数匹程度のミカンコミバエのオスが石垣島や西表島などの罠で見つかることは以前からあった。台湾もしくは東南アジアから風に乗って、先島諸島（八重山諸島と宮古諸島）に飛翔してきたものと考えられている。その数は、しかし年によって多くなったり、少なくなったりして、本物の脅威かどうか測りかねる時期が続いていた。

ところが2020年以降、その兆候は、琉球列島だけではなく日本農業の根幹を揺るがしかねない脅威となって、僕たちの目前に現れた。

亡霊

ここまで述べてきたように、日本で最初に根絶したのはオス除去法によるミカンコミバエだった。ウリミバエは毎週1億匹もの不妊虫を空から撒く前代未聞の不妊化法によって駆逐できた。アリモドキゾウムシは鹿児島県や高知県に侵入したが、抜群の初動防除が機能し、いずれも寄主除去法によって根絶した。

当初、関係者の多くが無謀と考えた南西諸島のアリモドキゾウムシの根絶も、久米島で完全に達成され、津堅島でも駆逐できた。ところが、アリモドキゾウムシを根絶しても、もう一種類の特殊害虫、イモゾウムシがいる。前章で書いたようにこの虫も根絶しなくては、サツマイモの移動制限を解除することができないのだが、超難敵のイモゾウムシを根絶する術はいまだに見つかっていない。

そんな中、葬り去ったはずの亡霊が蘇った。ミカンコミバエの再侵入である。２０１５年以降、ミカンコミバエは南西諸島に頻繁に再侵入を繰り返すようになり、２０２０年からは九州でも半端ではない数のミカンコミバエが罠にかかり続けている。これらのなかには飛来して繁殖したケースも多い。現在も定着を阻止するため、現場の人たちは日夜頑張っている。

そして、ついに２０２１年の冬から22年にかけて、石垣島では冬をまたいで年間途切れることなくミカンコミバエの幼虫が見つかり続けた。現場では懸命な対応が続いている。

杞憂に終わればよいのだが、もしかしたら、これはミカンコミバエの日本への再定着のはじまりかもしれない。僕たちはミカンをはじめ日本の果物や野菜の流通を再び考え直さなくてはならない岐路に立っている可能性がある。今、手をこまねいていては、やがて僕らは南の島で育った果実や野菜だけではなく、西日本で採れる柑橘すら、食べるのに苦労する日常が来るかもしれない。

実に多くの方々の努力の上に、食を含めた僕らの日常は成り立っている。しかし、今、差し迫ったこの危機に対して、根絶事業はどのように変わるべきか?

誰も明快な答えを持っていないのが事実だろう。根絶事業もまた転換点を迎えようとしている。なにしろどんどん数が増える敵に対して、相対する職員数は減らされるばかりなのだから。

初動

1991年から2005年までの間に、琉球列島の罠で見つかったミカンコミバエのトラップあたりの数をまとめた論文が2009年に公表されている。それによると、1997年まで罠にオスがかかったのは、ほとんど先島諸島だった。ところが1998年から2005年までは先島だけではなく、沖縄本島でもミカンコミバエのオスが見つかることが多くなってきた。ただ、多いといっても、たいていは年に数匹程度だったが、10匹以上見つかる年もたまにはあった。しかも先島で見つかるのは、5月から10月だけで、発見されるオスのほとんどは6月と7月に集中した。

これはこの季節に東南アジアから吹く風に乗ったミカンコミバエが飛来し、普段から警戒用に仕掛けてある罠にオスが引き寄せられて見つかると考えられた。

これに対して沖縄では罠にかかる数は少ないが、比較的年間を通して見つかっていた。よく見つかる季節は秋だった。侵入ルートの詳細はわからないが、これは先島とは異なる風に乗って東南アジアからやって来ていて、秋に台風が来たときに沖縄の近海に避難していた船からミバエのついた果実が海に捨てられ、漂着するためではないかと考えられた。

いずれにしても年間に数匹だけ見つかるミカンコミバエに対しては、見つかれば職員が出かけていき、徹底的な調査と初動防除が行われた。そのためその付近で新たな侵入ミバエがすぐに見つかることはなかった。

侵入警戒防除の態勢は徹底的に機能しており、初動防除は完璧だった。アリモドキゾウムシの根絶事業を実施する体制を整えながら、いざというときにはミカンコミバエの再侵入を警戒する。これが基本的な戦略だろう。この頃までミカンコミバエが見つかるのは、

7−1　ミカンコミバエの幼虫に寄生されたグアバの果実

ほぼすべて沖縄本島以南の島々だった。そのなかでも幼虫の発生を許した最初の例は、沖縄本島南部の豊見城村（現：豊見城市）だ。グアバ農園の罠にたくさんのミカンコミバエが見つかり、このとき調査に行った僕は、地面に落ちたグアバの実からはい出しているミカンコミバエの幼虫を生まれてはじめて見た（写真7−1）。すぐに果樹園の実は焼却され、周辺に農薬が散布され、豊見城からのミカンコミバエの拡散は防がれたのだった。

兆候

大学に転職した後も、僕は専門家の一人として、2008年以降毎年一度は、国が開催する「特殊病害虫の防除に関する検討会」に出席していた。

2015年にこの会議が開かれたのは、九段下にある農林水産省の会議室で、8月6日だった。そのときに鹿児島県から提出された資料に、6月末に奄美大島の名瀬支所に仕掛けた罠にミカンコミバエが見つかり、その後も、5〜6匹のミカンコミバエが見つかったため対策を徹底しているとの報告があった。鹿児島でもミカンコミバエに対する警戒は続けられていた。

今になって悔やむのだが、このとき、その後に生じる大発生に気づくことができたかもしれない。いきなり沖縄ではなく奄美に5〜6匹のミカンコミバエが見つかるというのは、異常の兆候と捉えるべきだったのだ。この兆候は、やがて目前の脅威となって現れた。

2015年9月、すでに1986年のミカンコミバエの根絶から29年が経過していたが、突如として多数のミカンコミバエが再び奄美大島に現れたのだ。東南アジアからの風に乗って到達したと考えられる。

あっという間にミカンコミバエは島に蔓延し、繁殖を許してしまった。幼虫が果実から同時多発的に発生したのだから、飛来してきたミカンコミバエが卵を産んで奄美大島で繁殖し定着したのは間違いない。

すぐに国の担当職員が複数名、岡山大学の僕の研究室に飛んで来た。10月26日だった。僕らは奄美諸島のミカンコミバエにどのような対策をするかについて事前の協議を行った。

そして11月4日、農林水産省は複数の専門家が集まる防除対策会議を開いた。国は「果実を介してハエが島外にまん延する可能性がある」として、「植物防疫法に基づいて収穫期前に発生が確認された地域の農作物を出荷制限する」という重い移動規制の決定を行った。

11月6日の『毎日新聞』（鹿児島版）記事には、「（ミカンコミバエは）9月以降に（奄美大島の）瀬戸内町を中心に再び増え始め、島内88カ所で570匹が捕まっている」と報じている。出荷制限の対象となる農作物はポンカン、タンカン、スモモ、マンゴー、パッションフルーツなどの果実と、トマトやピーマンなどの野菜とし、規制期間は当初12月から2017年3月までとされた。即座にミカンコミバエを確認した地点の半径5キロ以内でのこれらの農作物の移動を規制し、防除のため鹿児島県は設置する罠を増やした。

現場では徹底的な防除も行われた。人海戦術を展開して全島にテックス板をばら撒くとともに、山間部ではヘリコプターからも散布した。そして柑橘類、マンゴーなど果実類全般、トマト、ピーマンなどの果菜類全般の島外への持ち出しを禁止した。農家は多くのミカンやトマトを涙をのんで廃棄処分せざるを得なかった。

このとき、ミカンコミバエの発生は一時、徳之島と屋久島にまで及んだ。ヘリコプターによる散布もなされた。ミカンコミバエの活動が低下する冬場はヘリコプターによる散布は中止したいという意見も行政からは出たが、かつてのミカンコミバエの根絶の経験を知る諸先輩方とも相談し、テックス板の空中散布は年間を通して行うべきだと進言した。

幸いなことに、この年の冬は記録的な寒波で屋久島に雪が降った。そしてなんといっても現場で防除にあたった県や農協、全面的な協力をしていただいた農家のみなさんのおかげで、再び徹底的なオス除去法を実施することができ、翌年1月までには再侵入したすべてのミカンコミバエを駆逐することができた。

屋久島で当時、防除にあたっていた鹿児島県職員の話を聞くと、ミカンの果実などを調べようとして畑に行こうとしても、なかには「入ってくれるな」と言う方もいたそうだ。そのような場合には、人づてに地域で顔の広い人に相談すると事がスムーズに運ぶので、そのような人に頼むしかないのだという話だった。つまりここでも防除する際に、常日頃の地域のつながりが大事であり、そのようなつながりを大切にする防除の体制を維持することがとても重要とのことだった。久米島などのアリモドキゾウムシ根絶でもそうだったが、結局は人なのだ。

屋久島に再侵入したミカンコミバエは関係者の多大な努力の末に無事根絶でき、2016年7月に緊急防除は解除された。しかし、それは近年まで続く危機のはじまりにすぎなかったのである。

脅威

2015年にはある程度の数のミカンコミバエが沖縄県の罠にも誘殺された。年によって変動はあるものの、それ以来、毎年6~9月にかけて、一定数のミカンコミバエのオスが罠にかかるようになった。琉球列島において、沖縄・宮古・先島のあちこちで広域的、そして同時多発的にミカンコミバエが見つかるようになったのだ。これは一部報道にもなった。

罠にオスが誘殺されるだけでなく、琉球列島のところどころで、夏季に寄生された果実が見つかるまで事態は深刻になっていた。だが沖縄県と国の初動防除は徹底しており、幼虫が果実から見つかると即時に、寄生された果実が発見された地点の半径5キロ以内に、ヘクタールあたり数枚のテックス板を設置し、その周辺でミカンコミバエが寄生する可能性のある果実は徹底的に除去された。

この初動防除が功を奏して、ミカンコミバエの発生はすぐさまおさまり、たとえ夏季に幼虫が見つかっても、必ず秋には発生を終息させていた。発生があるたびに、ミカンコミバエの見られた島に出かけて行き、猛暑の季節に、徹底した初動防除を行う現場の苦労は計り知れない。そのおかげで、沖縄県のミカンに移動規制がかかったことはなく、ミカンコミバエによって経済的なダメージを受けることはなかったのだ。

しかし、2020年についに「脅威」は新たな段階に達した。第1章冒頭でも触れたが、あろうことか、九州本土にミカンコミバエが侵入したのである。この年は、鹿児島で150匹、熊本で7匹、福岡で3匹、長崎・宮崎で各1匹のミカンコミバエのオスが罠で発見された。さらに21年5月に長崎・熊本・鹿児島でそれぞれ5匹、18匹、7匹のオスが発見されたのを皮切りに、1年間で福岡7匹、佐賀4匹、長崎128匹、熊本41匹、鹿児島23匹、沖縄317匹と、合計520匹のオス成虫が罠にかかった。

はっきり言って「異常な事態」である。

長崎県と鹿児島県のウェブサイトでは、果実から幼虫が発見されたと公表している。これはつまり、九州での繁殖を許したことになる。報道によると両県ではヘリコプターでテックス板を撒いてもいる。捕獲されたオス成虫の数の多さも、ミカンコミバエが繁殖していた可能性を示している。

そして先にも書いたとおり、2021年から22年にかけて、根絶達成以来、はじめてミカンコミバエが沖縄諸島で越年したと見られている。21年には317匹のオスが沖縄県で見つかったと述べたが、その発生は冬季まで続き、22年の1月になっても発生した。22年は118匹のミカンコミバエが沖縄県内で罠にかかっているのだ（植物防疫所公表データ）。こうしたケースはミカンコミバエ根絶後、はじめての出来事である。

ミカンコミバエは毎年、先島諸島で見つかっている。先島諸島は、台湾、中国、フィリピンなどミカンコミバエが在来種として生息している地域に地理的に近い。1991年から2005年までに宮古・八重山を含む先島諸島では1罠あたり0・047匹、沖縄本島では0・012匹のミカンコミバエが発見されている。

喫緊の研究課題の一つは、これらのミカンコミバエがどこから飛来してくるのかを明らかにすることだろう。まだ確かな証拠はないが、以前は東南アジアからの飛来が主だったが、最近の飛来は中国南部からではないか、とする論考もあり、国と、沖縄県で奮闘するポスドクが、それぞれその解明を進めているところだ。

懸命な水際作戦も展開されている。近隣諸国から風に乗って飛んで来るミカンコミバエを侵入の初期に発見し、早急に初動防除を行うため、港を中心に日本全土にミカンコミバエの誘引罠が仕掛けられている。それらは植物防疫所と各都道府県によって調査が続けられている。

全国に仕掛けられた誘引罠には、ミカンコミバエの誘引剤だけではなく、ウリミバエとチチュウカイミバエの誘引剤も混ぜている。チチュウカイミバエは欧米の果菜類のもっとも深刻なミバエ科の害虫であり、自力でかの地からは飛んで来られないため、もし侵入するとすれば海外から輸入される農作物か、空港で持ち込もうとする観光客によるものだろう。

もし日本に入ってくれば、たちまち果実栽培農家の脅威になる。しかし、ミバエの発生国から日本に農作物を輸入する際には、これらの害虫を駆除するために輸出先の港湾で殺虫剤による燻蒸(くんじょう)作業が必須だし、全国の空港や港湾で働いている植物防疫官の厳しい水際作戦が展開されている。

植物防疫官の日頃の努力が功を奏して、これまでに日本では、諸外国から持ち込もうとした果実が空港での手荷物検査で見つかるのを除けば、持ち込みによるミバエは見つかっていない。日夜、水際で侵入を防いでいる国の職員、そして現場の地方公務員のみなさんには感謝である。

２０２２年４月、農産品を外来種から守るための植物防疫法が改正され、２０２３年４月１日から施行された。改正により、日本各地で働く公務員の方々は、侵入害虫への警戒レベルを上げることになっている。温暖化の進む今、特殊害虫の問題は、南西諸島の地域だけの問題ではない。僕たちの暮らす九州や四国、本州、そして北海道にも共通した脅威になっている現実を、認識していただければ幸いである。

この原稿の校正作業をしていた２０２４年３月14日18時20分に、「サツマイモの害虫『イモゾウムシ』16年ぶりに県本土で見つかる」（ＮＨＫ鹿児島NEWS WEB）というニュースが飛び込んできた。鹿児島市喜入生見町（きいれぬくみちょう）で、家庭菜園で収穫したあと自宅で保管していたサツマイモから、幼虫、蛹、成虫の複数のイモゾウムシが見つかったという。指宿でイモゾウムシが根絶されて以来、12年ぶりのイモゾウムシの九州への侵入だ。浜松に侵入したアリモドキゾウムシと合わせて、いま新たな戦いが始まった。

おわりに

このタイミングで本書を書いたことには理由がある。本書では、根絶事業の成功のみならず失敗も含めて書いた。「科学データはすべて英語論文として世界に向けて公表する。それが失敗を成功に導く鍵となる」。先述のように、ミバエ根絶を牽引した伊藤嘉昭の残した言葉だ。アリモドキゾウムシは２０１３年に久米島、そして２０２１年に津堅島で根絶を達成したことは本文に書いたが、そのデータは長い間、英語論文として世界に発信されていなかった。

このことは専門家たちがずっと気にかけていたことだった。目の前に防除すべき特殊害虫が増えすぎているにもかかわらず、一度、根絶に成功した技術ということで新たな予算はつかない。人員も削減される一方だった。それに加え、最近までコロナ禍で現場での活動が思うようにできなかった。対峙（たいじ）しなくてはならない特殊害虫の数が増えるなか、対処する正規職員の数は減るばかりだ。

そんな状況のなか、沖縄諸島の複数の島でのアリモドキゾウムシの根絶達成を、任期付きの若手研究員が中心となって、それぞれ2編の英語論文として2022年に公表した。ようやく世界ではじめての甲虫の根絶事業のデータが世界に向けて発信されたのだ。

それまで僕は本書の脱稿を待っていた。英語論文で業績が世界に公表された今、一般の読者のみなさんに、「特殊害虫との果てしない戦いの歴史」を、広く知ってもらう素地が整ったと思う。

これらアリモドキゾウムシの根絶の成果を主にまとめたのは、ポスドクとして沖縄県にアルバイトのような業務形態の任期付きで雇われている複数の研究員である。いずれも正規の職員ではなく不安定な立場にある研究者たちの努力による。彼らが正規の研究員として雇用され、ますます活躍できる日が来ることを願ってやまない。

消防署や自衛隊に日頃の訓練が大切なように、特殊害虫の持続的な駆逐にも、防除体制の維持が必要である。短期的な成果主義が中心となった今の日本で、特殊害虫の侵入などの問題への対応が困難になっているのは明らかである。本書で述べたような、長期的視点に立って対処するという手法を持てるわが国でなくてはならない。言い換えれば、そのような少しのゆとりすら持てなくなっては、特殊害虫が日本全国に蔓延する日が来るのも時間の問題だろう。

本書で見てきたように、本質的に重要な根絶作戦の成功には、10年どころか何十年もの間、地道な努力が続く。ときには挫折しそうになり、紆余曲折があれども、本筋、つまり目標だけはぶれないという体制を維持していくには、現代人はあまりにもゆとりを失っているのではないか、と心底危惧している。

情報のあふれすぎた現代では、考えるゆとりを失くしかねない。「自分で考えて調べ、データを解析して何をするべきか考察し、判断する人材の育成」が、今ほど大事だと思うことはない。

研究者が腰を据えて粘り強く基礎研究に対峙できる環境を整えてこそ、特殊害虫の根絶作戦はこれからもその成功が保証されると僕は考えている。

働き方改革、ネットによる容易な情報入手、コンプライアンス、どれをとっても良い方向に見えることばかりだけれども、少なくとも特殊害虫の根絶成功の裏には、昼夜を分かたず働き続けた戦士たちがいた。いや、今もいる。「働くのは結局、人である」。健康で順調なときもあれば、患い落ち込むときもあるのが人だ。そんな多様性にあふれた人たちが、同じ目標に向かって走り続けられるような仕組みに現代社会はなっているだろうか。

伊藤が勾留された1950年代にその芽が吹いた不妊化法によって、特殊害虫の根絶事業がはじまった。それから70年余の歳月が経つ。それでも国策として事業は続いている。国の役所に勤める人も、研究者も、技術者も、現場でもっとも汗を流して根絶事業を支える人たちも、代替わりを重ねながら、最初に伊藤が掲げた「たとえ失敗しても、その理由が明らかになれば良い」という精神を胸に、ミカンコミバエ、ウリミバエ、そして甲虫で世界初となるアリモドキゾウムシと、1種、1種、そしてひとつひとつの島ごとに、その根絶を達成してきたわが国だ。

もしも南西諸島の果物やサツマイモを島外に郵送したり、ネット販売に出品したりしようとする人たちがいるとしたら、警告したい。その行動によって、70年以上もの歳月をかけ、多くの税金を使って、日本の農業を守るため特殊害虫を根絶すべく日々働いてきた現場の方々の努力すべてが、一瞬にして無駄になってしまうかもしれないのだ。本書を書いたのは、そのような危機感のゆえでもある。

本書を読まれて、農作物の移動には規制があることを少しでも多くの方に知ってもらいたいと願う。ここまで根絶を達成してきた歴史をいったん振り返り、今後の新たな戦略の糧にする役割を、もし本書が担ってくれたら幸いである。名もなき戦士たちの戦いに終わりはなく、今この瞬間も彼らは日本の農業を守るため働いている。

最後になったが、沖縄県で特殊害虫との戦いの最前線で働いている原口大さんには原稿に目を通していただき、適切なアドバイスをいただいた。沖縄県病害虫防除技術センター及び、松山隆志さん、浦崎貴美子さん、下地幸夫さんには快く写真の提供をいただいた。沖縄で特殊害虫根絶チームにいた間、若くて少し尖っていた僕（今でも実は尖っているけど）を上司として温かく見守ってくださった川崎建次郎さん、守屋成一さん、榊原充隆さん、故・垣花廣幸さん、故・仲盛広明さんの諸先輩方には特に感謝申し上げる。

また根絶事業を通して、現場や作戦本部や国家機関において、とても多くの方々の声を聴く機会をいただいた。みなさまのお名前を連ねることはできないが、根絶に携わったすべての関係者の方々に敬意を表すとともに、厚くお礼申し上げます。

２０２４年３月24日

宮竹貴久

特殊害虫の根絶に関係する年表

1914―1918年	第一次世界大戦
1919年	ミカンコミバエ、沖縄本島で発生を確認
1919年	ウリミバエ、八重山諸島（石垣島）で発生を確認
1939―1945年	第二次世界大戦
1941年12月8日	真珠湾攻撃（太平洋戦争開戦）
1945年4月	米軍が沖縄本島に上陸
1945年8月15日	終戦
1945年	ミカンコミバエ、ハワイに侵入
1946年1月29日	小笠原諸島が米軍の軍政下におかれる
1946年2月2日	奄美諸島が米軍の軍政下におかれる
1950年	植物防疫法施行（アリモドキゾウムシ、有害動物に指定）
1951年	奄美大島の日本復帰嘆願署名運動の開始

1952年4月28日	サンフランシスコ講和条約発効で沖縄、奄美、小笠原は米施政下に
1953年8月4日	ダレス米国務長官、吉田首相との会談で奄美復帰を示唆
1953年12月25日	奄美諸島、日本に復帰
1955年	キュラソー島のラセンウジバエ、根絶成功（不妊化法による世界初根絶）
1962年	レイチェル・カーソンの『Silent Spring』出版
1963年	ロタ島のミカンコミバエ、オス除去法で根絶成功
1963年	ロタ島のウリミバエ、不妊化法で根絶成功
1965年	サイパン島などマリアナ諸島で米政府によるミカンコミバエの根絶
1968年6月26日	小笠原諸島、日本に復帰
1968―1969年	奄美諸島の喜界島でミカンコミバエの根絶事業
1968―1974年	小笠原諸島で東京都によるミカンコミバエの基礎研究
1970年12月	コザ暴動
1972年5月15日	沖縄、日本復帰

1972年10月1日	伊藤嘉昭、沖縄県農業試験場に着任
1975―1978年	小笠原諸島で東京都によるミカンコミバエ防除（オス除去法→不妊化法）
1975年2月	久米島でウリミバエの不妊虫放飼防除を開始
1975年7月―1976年1月	本部町で沖縄国際海洋博覧会開催
1977年	「ミバエ類防除法」指定試験地としてミバエ研究室設置
1977年9月	久米島でウリミバエの根絶確認調査（農水省）
1977年10月	沖縄諸島でミカンコミバエのオス除去法を開始
1978年7月	伊藤嘉昭、名古屋大学に着任
1978年7月30日	730（交通）沖縄県の自動車の対面交通が右側通行から左側通行に変更
1978年8月	小山重郎、沖縄県農業試験場に着任
1978年9月1日	久米島、ウリミバエ根絶宣言
1980年4月1日	沖縄県ミバエ対策事業所設置
1980年9月	那覇市にウリミバエ大量増殖施設建設着工

1982年8月24日	沖縄諸島、ミカンコミバエ根絶宣言
1982年9月1日	沖縄タイムス「沖縄産の天然ミカン　東京、大阪で初セリ」
1983年3月	小山、沖縄を離れる（4年8か月の滞在）
1983年10月	宮古諸島でウリミバエ密度抑圧防除開始
1984年8月28日	宮古諸島でウリミバエ不妊虫放飼防除開始
1984年11月	宮古諸島のミカンコミバエ根絶
1985年2月	小笠原諸島のミカンコミバエ根絶
1985年10月	喜界島のウリミバエ根絶
1986年2月	八重山諸島のミカンコミバエ根絶（日本からの根絶成功）
1986年5月	沖縄諸島中南部、ウリミバエ密度抑圧防除開始
1986年11月	沖縄諸島中南部、ウリミバエ不妊虫放飼開始
1986年11月	沖縄本島北部、ウリミバエ密度抑圧防除開始
1987年3月	沖縄本島北部、ウリミバエ不妊虫放飼開始

1987年9月	宮古諸島、ウリミバエ根絶確認調査団
1987年11月30日	宮古諸島、ウリミバエ根絶宣言
1987年11月	奄美大島のウリミバエ根絶
1987年12月19日	宮古諸島、ウリミバエ根絶記念式典
1988年1月	南北大東島、ウリミバエ不妊虫放飼開始
1990年2月	八重山諸島（石垣・竹富町）でウリミバエ不妊虫放飼開始
1990年6月	沖縄諸島、ウリミバエ根絶確認調査
1990年10月16日	沖縄諸島、ウリミバエ根絶公聴会開催
1990年11月7日	沖縄諸島、ウリミバエ根絶記念式典
1990年	西之表市（種子島）にアリモドキゾウムシ発生
1993年7月	八重山諸島、ウリミバエ駆除確認調査
1993年10月8日	八重山諸島、ウリミバエ根絶公聴会
1993年10月30日	沖縄県がウリミバエの根絶を宣言

1993年11月10日	八重山諸島、ウリミバエ根絶記念式典
1994年	鹿児島県山川町にアリモドキゾウムシ発生
1994年	久米島全域のアリモドキゾウムシの分布を徹底的に調査
1994年4月	喜界島、アリモドキゾウムシ不妊虫放飼開始
1995年	室戸市にアリモドキゾウムシ発生
1997年	鹿児島市内・屋久島にアリモドキゾウムシ発生
1999年2月	久米島、アリモドキゾウムシ不妊虫放飼開始
2000年	室戸市にアリモドキゾウムシ発生
2000年7月	九州・沖縄サミット
2006年	アリモドキゾウムシ、指宿市のほぼ全体に蔓延
2008年	「新たな農林水産政策を推進する実用技術開発事業」の開始
2010年	久米島でアリモドキゾウムシの根絶宣言を出そうとするが、罠にかかる
2010年	行政刷新会議による事業仕分けで指定試験地の終了

年月日	事項
2011年8月19日	与那国島、ナスミバエ根絶宣言
2012年	指宿市のアリモドキゾウムシ根絶
2012年	沖縄振興一括交付金創設
2012年6—12月	久米島、アリモドキゾウムシの国による駆除確認調査
2013年3月	国から著者を含む専門家数名が久米島に派遣、アリモドキゾウムシの根絶確認
2013年4月22日	久米島をアリモドキゾウムシの発生地域から除く省令改正
2015年9月	ミカンコミバエ、奄美大島に再侵入・蔓延
2015年10月26日	奄美大島のミカンコミバエ対策打ち合わせ（岡山大学）
2015年11月4日	農林水産省、専門家によるミカンコミバエ種群の防除対策検討会議開催（奄美大島のミカンコミバエ種群の誘殺状況の報告、植物防疫法に基づく移動規制の必要性の検討）
2015年11月6日	毎日新聞（鹿児島版）「ミカンコミバエ：害虫、奄美大島で確認　農産物出荷制限へ　県『防除強化、早期に根絶』」

2016年7月13日	第4回ミカンコミバエ種群の防除対策検討会議の結果、奄美大島の緊急防除を解除
2020年	鹿児島で150匹、熊本で7匹、長崎・宮崎で各1匹のミカンコミバエのオスがトラップにかかる
2021年	ミカンコミバエ、1年間で福岡7匹、佐賀4匹、長崎128匹、熊本41匹、鹿児島23匹、沖縄317匹など、合計520匹のオス成虫がトラップにかかる
2021年4月27日	農林水産省那覇植物防疫事務所と県農林水産部がアリモドキゾウムシの津堅島での根絶確認を発表。農水省が27日付の官報で植物防疫法施行規則の一部を改正する省令を告示し、アリモドキゾウムシの発生地域から津堅島を除外
2022年	2021年から22年にかけて沖縄でミカンコミバエ根絶後、はじめての越年発生
2022年10月	静岡県浜松市でアリモドキゾウムシが発生、緊急防除がはじまる。2024年までサツマイモ栽培を禁止
2024年3月	鹿児島市喜入生見町にイモゾウムシ侵入

参考文献

はじめに

伊藤嘉昭『虫を放して虫を滅ぼす―沖縄・ウリミバエ根絶作戦私記』中公新書、1980年

吉澤治「わが国において根絶に成功したミバエ類の根絶防除事業の概要（特集：ミバエ類の根絶〔1〕）」、『植物防疫』47巻12号、1993年12月、527～533ページ

第1章

伊藤嘉昭『楽しき挑戦―型破り生態学50年』海游舎、2003年

Steiner L. F., et al., 'Oriental fruit fly eradication by male annihilation', *Journal of Economic Entomology*, 1965: 58: 961-964.

伊藤嘉昭『一生態学徒の農学遍歴』蒼樹書房、1975年

小山重郎『よみがえれ黄金（クガニー）の島―ミカンコミバエ根絶の記録』筑摩書房、1984年

Koyama J., et al., 'Eradication of the Oriental fruit fly (Diptera: Tephritidae) from the Okinawa Islands by a male annihilation method', *Journal of Economic Entomology*, 1984: 77: 468-472.

石井象二郎ほか編『ミバエの根絶―理論と実際』農林水産航空協会、1985年

「ミバエ類の最近の防除情報」、『植物防疫病害虫情報』13号、１９８４年3月
志賀正和「果実害虫ミバエ類の根絶」、『熱帯農業』32巻1号、１９８８年、61〜65ページ
田中章『ミカンコミバエ、ウリミバエ—奄美群島の侵入から根絶までの記録』南方新社、２０２１年
「沖縄産の天然ミカン　東京、大阪で初セリ　最高値は10キロで６５００円」、『沖縄タイムス』１９８２年9月1日夕刊

第2章

Knipling E. F., 'Possibilities of insect control or eradication through the use of sexually sterile males,' *Journal of Economic Entomology*, 1955: 48: 459-462.
Knipling E. F., *The potential role of the sterility method for insect population control with special reference to combining this method with conventional methods*, United States Department of Agriculture, Agricultural Research Service, 1964.
Iwahashi O., 'Suppression of the melon fly, *Dacus cucurbitae* Coquillett (Diptera: Tephritidae), on Kudaka Is. with sterile insect releases,' *Applied Entomology and Zoology*, 1976: 11(2): 100-110.
Iwahashi O., 'Eradication of the melon fly, *Dacus cucurbitae*, from Kume is., Okinawa with the sterile insect release method,' *Researches on Population Ecology*, 1977: 19: 87-98.
Koyama J., et al., 'An estimation of the adult population of the melon fly, *Dacus cucurbitae* Coquillett (Diptera: Tephritidae), In Okinawa Island, Japan,' *Applied Entomology and Zoology*, 1982: 17(4): 550-

558.
レイチェル・カーソン著、青樹簗一訳『沈黙の春』新潮文庫、１９７４年
岩橋統ほか「久米島におけるウリミバエの個体数変動と抑圧防除」、『日本応用動物昆虫学会誌』19巻４号、１９７５年12月、２３２〜２３６ページ
小山重郎「日本におけるウリミバエの根絶」、『日本応用動物昆虫学会誌』38巻４号、１９９４年11月、２１９〜２２９ページ
伊藤嘉昭「難防除害虫研究の思い出（７）—不妊虫放飼法：開始から30年の思い出」、『植物防疫』62巻６号、２００８年６月、３４６〜３４７ページ
小山重郎『５３０億匹の闘い—ウリミバエ根絶の歴史』築地書館、１９９４年
沖縄県農林水産部編『沖縄県ミバエ根絶記念誌』１９９４年
Koyama J., et al. 'Eradication of the melon fly, *Bactrocera cucurbitae*, in Japan: importance of behavior, ecology, genetics, and evolution,' *Annual Review of Entomology*, 2004: 49: 331-349.
Dyck V. A., et al. *Sterile Insect Technique*, Springer, 2005.
伊藤嘉昭編『不妊虫放飼法—侵入害虫根絶の技術』海游舎、２００８年

第３章

吉田隆「奄美群島におけるアリモドキゾウムシ及びイモゾウムシの生態調査—発育・生存期間（短報）」、『植物防疫所調査研究報告』21号、１９８５年、55〜59ページ

安田慶次ほか「アリモドキゾウムシの合成性フェロモンの野外条件下における誘引性」、『日本応用動物昆虫学会誌』36巻2号、１９９２年5月、81～87ページ
農林水産省門司植物防疫所「鹿児島県指宿市におけるイモゾウムシおよびアリモドキゾウムシの緊急防除と根絶」、『植物防疫』66巻6号、２０１２年6月、３５０～３５１ページ
『植物防疫所病害虫情報』84号、２００８年３月
『植物防疫所病害虫情報』54号、１９９８年３月
『植物防疫所病害虫情報』34号、１９９１年３月
西岡稔彦「鹿児島県西之表市及び高知県室戸市におけるアリモドキゾウムシの緊急防除の方法」、『植物防疫所病害虫情報』66号、２００２年３月
杉本毅「続・本土を脅かす『特殊害虫』アリモドキゾウムシとその根絶技術の現状」、『makoto』１０４号、１９９８年10月、２～７ページ
伊藤俊介ほか「鹿児島市におけるアリモドキゾウムシの発生と防除」、『植物防疫所調査研究報告』35号、１９９９年、35～42ページ
「サツマイモ害虫、県内で初の確認　アリモドキゾウムシ」中日新聞しずおかWeb、２０２２年10月31日（https://www.chunichi.co.jp/article/573372）
「アリモドキゾウムシに関する情報」農林水産省ウェブサイト（https://www.maff.go.jp/j/syouan/syokubo/keneki/k_kokunai/arimodoki.html/arimodoki.html）
荒木正親「サツマイモ栽培1年禁止　アリモドキゾウムシ本州初確認で緊急防除始まる　浜松市西区、南

区10地区」中日新聞しずおかWeb、２０２３年3月20日（https://www.chunichi.co.jp/article/656568）
宮坂武司「浜松のサツマイモ生産者悲嘆　害虫根絶不完全、24年も栽培できず」あなたの静岡新聞、２０２３年12月18日（https://www.at-s.com/news/article/shizuoka/1377665.html）

第4章

Kawamura K., et al. 'Geographic variation of elytral color in the sweet potato weevil, *Cylas formicarius* (Fabricius) (Coleoptera: Brentidae) in Japan.' *Applied Entomology and Zoology*, 2009: 44(4): 505-513.
城本啓子ほか「アリモドキゾウムシの色彩多型を用いたマーキング法：不妊虫放飼法への利用」、『植物防疫』66巻6号、２０１２年6月、３１６～３２０ページ
吉村仁志ほか「アリモドキゾウムシの野生寄主植物、ノアサガオ及びグンバイヒルガオにおける野外の寄生実態調査」、『植物防疫所調査研究報告』35号、１９９９年、27～33ページ
杉本毅ほか「アリモドキゾウムシの世界的拡散と我が国における定着可能地域の推定」、『植物防疫』61巻10号、２００７年10月、５６５～５７０ページ
松山隆志「久米島におけるアリモドキゾウムシの根絶防除」、『植物防疫所病害虫情報』１００号、２０１３年7月、７～８ページ
河村太「津堅島におけるアリモドキゾウムシ根絶事業について」、『植物防疫所病害虫情報』１２５号、２０２１年11月、１～２ページ
瀬戸口脩・安田慶次「不妊虫放飼法によるゾウムシ類の根絶（３）個体群のモニタリング」、『植物防疫』

54巻11号、２０００年11月、４６３～４６５ページ

Ikegawa Y., et al., 'Eradication of sweetpotato weevil, *Cylas formicarius*, from Tsuken Island, Okinawa, Japan, under transient invasion of males', *Journal of Applied Entomology*, 2022: 146(7): 850-859.

Himuro C., et al., 'First case of successful eradication of the sweet potato weevil, *Cylas formicarius* (Fabricius), using the sterile insect technique', PLOS ONE, 2022 (https://journals.plos.org/plosone/article?id=10.1371/journal.pone.0267728)

第5章

Iwahashi O., 'Movement of the Oriental fruit fly adults among Islets of the Ogasawara Islands', *Environmental Entomology*, 1972: 1(2): 176-179.

Miyatake T., et al., 'Dispersal of male sweet potato weevils (Coleoptera: Curculionidae) in fields with or without sweet potato plants', *Environmental Entomology*, 1995: 24(5): 1167-1174.

Miyatake T., et al., 'Dispersal potential of male *Cylas formicarius* (Coleoptera: Brentidae) over land and water', *Environmental Entomology*, 1997: 26(2): 272-276.

Miyatake T., et al., 'Dispersal of released male sweetpotato weevil, *Cylas formicarius* (Coleoptera: Brentidae) in different seasons', *Applied Entomology and Zoology*, 2000: 35(4): 441-449.

宮竹貴久ほか「γ線照射されたウリミバエ *Dacus cucurbitae* の産卵行動」、『日本応用動物昆虫学会誌』33巻2号、１９８９年、94～96ページ

宮竹貴久ほか「ウリミバエ *Bactrocera cucurbitae* COQUILLETT 不妊雌によるウリ類果実への刺し傷の特徴と被害」、『九州病害虫研究会報』39巻、１９９３年、１０２〜１０５ページ

第6章

沖縄県農業試験場編「ウリミバエ、ミカンコミバエの根絶に関する研究と技術開発」、『指定試験（病害虫）』25号、農林水産技術会議事務局、１９９５年
小濱継雄「沖縄県に侵入したナスミバエ」、『沖縄県農業研究センター研究報告』８号、２０１４年、１〜18ページ
谷口昌弘ほか「沖縄県におけるナスミバエ*Bactrocera latifrons*（Diptera: Tephritidae）の被害回避のためのいくつかの知見」、『植物防疫』72巻9号、２０１８年9月、５５８〜５６２ページ
福ケ迫晃・岡本昌洋「与那国島におけるナスミバエの根絶達成」、『植物防疫』66巻1号、２０１２年1月、13〜17ページ
『病害虫発生予察』特殊報第1号、２０１７年10月30日、鹿児島県病害虫防除所
Shimizu Y., et al. 'Invasion of solanum fruit fly *Bactrocera latifrons* (Diptera: Tephritidae) to Yonaguni Island, Okinawa Prefecture, Japan', *Applied Entomology and Zoology*, 2007: 42(2): 269-275.
宮崎勲ほか「アリモドキゾウムシ及びイモゾウムシの寄主植物調査」、『植物防疫所調査研究報告』37号、２００１年、75〜79ページ
Yoshitake H., et al. 'Genetic variation of two weevil pests of sweet potato, *Cylas formicarius*

(Coleoptera: Brentidae) and *Euscepes postfasciatus* (Coleoptera: Curculionidae), in Japan based on mitochondrial DNA', *Applied Entomology and Zoology*, 2021: 56(4): 483-496.

Kumano N., et al., 'Irradiation does not affect field dispersal ability in the West Indian sweetpotato weevil, *Euscepes postfasciatus*', *Entomologia Experimentalis et Applicata*, 2009: 130(1): 63-72.

山口卓宏「奄美群島におけるアリモドキゾウムシの生態と根絶防除に関する研究」、『鹿児島県農業開発総合センター研究報告』３号、２００９年、73～１４６ページ

Sato Y. and Kohama T., 'Post-copulatory mounting behavior of the West Indian sweetpotato weevil, *Euscepes postfasciatus* (Fairmaire) (Coleoptera: Curculionidae)', *Ethology*, 2007: 113(2): 183-189.

Sato Y., et al., 'Population dynamics of the West Indian sweetpotato weevil *Euscepes postfasciatus* (Fairmaire): a simulation analysis', *Journal of Applied Entomology*, 2010: 134(4): 303-312.

Kinjo K., et al., 'Estimation of population density, survival and dispersal rates of the West Indian sweet potato weevil, *Euscepes postfasciatus* FAIRMAIRE (Coleoptera: Curculionidae), with Mark and Recapture Methods', *Applied Entomology and Zoology*, 1995: 30(2): 313-318.

Nakamoto Y. and Kuba H., 'The effectiveness of a green light emitting diode (LED) trap at capturing the West Indian sweet potato weevil, *Euscepes postfasciatus* (Fairmaire) (Coleoptera: Curculionidae) in a sweet potato field', *Applied Entomology and Zoology*, 2004: 39(3): 491-495.

Shimoji Y. and Yamagishi M., 'Reducing rearing cost and increasing survival rate of West Indian sweetpotato weevil, *Euscepes postfasciatus* (Fairmaire) (Coleoptera: Curculionidae) on artificial larval diet', *Applied Entomology and Zoology*, 2004: 39(1): 41-47.

第7章

大塚彰・永吉恵一「ミカンコミバエ種群 *Bactrocera dorsalis* complex Hendel（Diptera: Tephritidae）飛来解析システム」、『農業情報研究』24巻2号、２０１５年、23～34ページ

Ohno S., et al., 'Re-invasions by *Bactrocera dorsalis* complex (Diptera: Tephritidae) occurred after its eradication in Okinawa, Japan, and local differences found in the frequency and temporal patterns of invasions', *Applied Entomology and Zoology*, 2009: 44(4): 643-654.

藤崎憲治「ミカンコミバエ種群の再侵入と今後の侵入害虫対策の方向性」、『学術の動向』２０１６年８月号、40～47ページ

Otuka A., et al., 'Estimation of possible sources for wind-borne re-invasion of *Bactrocera dorsalis* complex (Diptera: Tephritidae) into islands of Okinawa Prefecture, southwestern Japan', *Applied Entomology and Zoology*, 2016: 51(1): 21-35.

神田和明「ミカンコミバエ：害虫、奄美大島で確認　農産物出荷制限へ　県『防除強化、早期に根絶』」、『毎日新聞』（鹿児島版）、２０１５年11月６日

「鹿児島にミカンコミバエ幼虫　本土で初　定着なら廃棄も」、『日本農業新聞』２０２０年10月３日

「35年前に根絶宣言、害虫ミカンコミバエが九州上陸」、『読売新聞』２０２１年12月５日

「サツマイモの害虫『イモゾウムシ』16年ぶりに県本土で見つかる」ＮＨＫ鹿児島NEWS WEB、２０２

4年3月14日（https://www3.nhk.or.jp/lnews/kagoshima/20240314/5050026288.html）
（ＵＲＬの最終閲覧日：２０２４年3月26日）

宮竹貴久（みやたけ　たかひさ）

一九六二年、大阪府生まれ。岡山大学学術研究院環境生命自然科学学域教授。理学博士。ロンドン大学（ＵＣＬ）生物学部客員研究員を経て、現職。受賞歴に日本生態学会宮地賞、日本応用動物昆虫学会賞、日本動物行動学会日高賞など。主な著書に『恋するオスが進化する』『「先送り」は生物学的に正しい』『したがるオスと嫌がるメスの生物学』『「死んだふり」で生きのびる　生き物たちの奇妙な戦略』など。

特殊害虫から日本を救え

二〇二四年五月二二日　第一刷発行

集英社新書一二一七Ｇ

著者……宮竹貴久

発行者……樋口尚也

発行所……株式会社集英社

東京都千代田区一ッ橋二-五-一〇　郵便番号一〇一-八〇五〇

電話　〇三-三二三〇-六三九一（編集部）

〇三-三二三〇-六〇八〇（読者係）

〇三-三二三〇-六三九三（販売部）書店専用

装幀……原　研哉

印刷所……ＴＯＰＰＡＮ株式会社

製本所……ナショナル製本協同組合

定価はカバーに表示してあります。

ISBN 978-4-08-721317-1 C0245

a pilot of wisdom

集英社新書 好評既刊

科学――G

- 博物学の巨人 アンリ・ファーブル　奥本大三郎
- 物理学の世紀　佐藤文隆
- 生き物をめぐる4つの「なぜ」　長谷川眞理子
- ゲノムが語る生命　中村桂子
- 安全と安心の科学　村上陽一郎
- 松井教授の東大駒場講義録　松井孝典
- 時間はどこで生まれるのか　橋元淳一郎
- 非線形科学　蔵本由紀
- 大人の時間はなぜ短いのか　一川誠
- 量子論で宇宙がわかる　マーカス・チャウン
- 挑戦する脳　茂木健一郎
- 錯覚学――知覚の謎を解く　一川誠
- 宇宙は無数にあるのか　佐藤勝彦
- ニュートリノでわかる宇宙・素粒子の謎　鈴木厚人
- 宇宙論と神　池内了
- 非線形科学 同期する世界　蔵本由紀
- 宇宙を創る実験　村山斉・編
- 地震は必ず予測できる！　村井俊治
- 宇宙背景放射「ビッグバン以前」の痕跡を探る　羽澄昌史
- チョコレートはなぜ美味しいのか　上野聡
- AIが人間を殺す日　小林雅一
- したがるオスと嫌がるメスの生物学　宮竹貴久
- 地震予測は進化する！　村井俊治
- プログラミング思考のレッスン　野村亮太
- ゲノム革命がはじまる　小林雅一
- ネオウイルス学　河岡義裕
- リニア新幹線と南海トラフ巨大地震　石橋克彦
- 宇宙はなぜ物質でできているのか　小林誠・編著
- 「推し」の科学　久保(川合)南海子

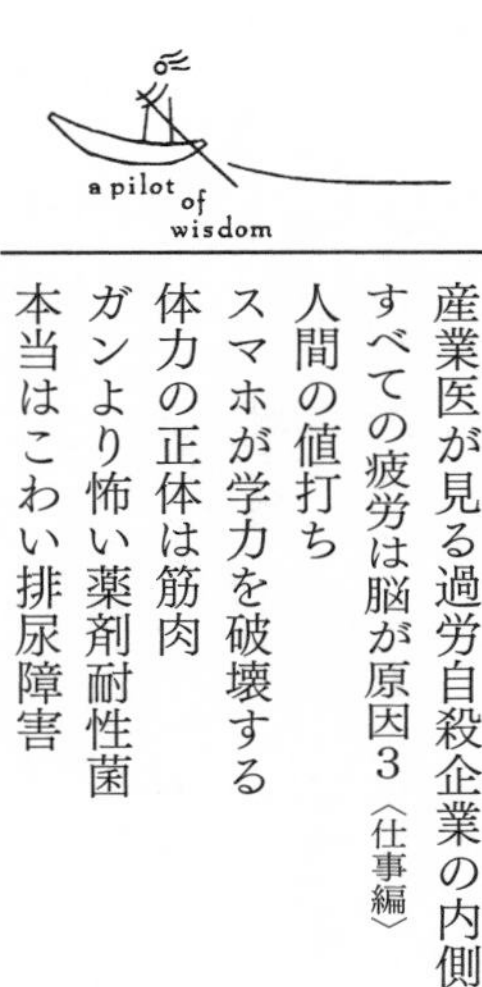

医療・健康――Ⅰ

政治・経済――A

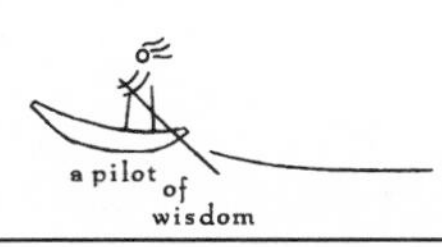

未来への大分岐　マルクス・ガブリエル／マイケル・ハート／ポール・メイソン／斎藤幸平・編
「国連式」世界で戦う仕事術　滝澤三郎
国家と記録　政府はなぜ公文書を隠すのか？　瀬畑源
水道、再び公営化！　欧州・水の闘いから日本が学ぶこと　岸本聡子
改訂版　著作権とは何か　文化と創造のゆくえ　福井健策
朝鮮半島と日本の未来　姜尚中
人新世の「資本論」　斎藤幸平
国対委員長　辻元清美
アフリカ　人類の未来を握る大陸　別府正一郎
〈全条項分析〉日米地位協定の真実　松竹伸幸
日本再生のための「プランB」　兪炳匡
新世界秩序と日本の未来　内田樹／姜尚中
世界大麻経済戦争　矢部武
中国共産党帝国とウイグル　橋爪大三郎／中田考
安倍晋三と菅直人　尾中香尚里
ジャーナリズムの役割は空気を壊すこと　森達也／望月衣塑子
代表制民主主義はなぜ失敗したのか　藤井達夫

会社ではネガティブな人を活かしなさい　友原章典
自衛隊海外派遣　隠された「戦地」の現実　布施祐仁
北朝鮮　拉致問題　極秘文書から見える真実　有田芳生
アフガニスタンの教訓　挑戦される国際秩序　山本忠通／内藤正典
原発再稼働　葬られた過酷事故の教訓　日野行介
北朝鮮とイラン　福原裕二／吉村慎太郎
歴史から学ぶ　相続の考え方　神山敏夫
非戦の安全保障論　柳澤協二／伊勢﨑賢治／加藤朗／林吉永
西山太吉　最後の告白　西山太吉／佐高信
日本酒外交　酒サムライ外交官、世界を行く　門司健次郎
日本の電機産業はなぜ凋落したのか　桂幹
ウクライナ侵攻とグローバル・サウス　別府正一郎
日本が滅びる前に　明石モデルがひらく国家の未来　泉房穂
イスラエル軍元兵士が語る非戦論　ダニー・ネフセタイ
戦争はどうすれば終わるか？　柳澤協二／伊勢﨑賢治／加藤朗／林吉永
全身ジャーナリスト　田原総一朗
自壊する欧米　ガザ危機が問うダブルスタンダード　内藤正典／三牧聖子

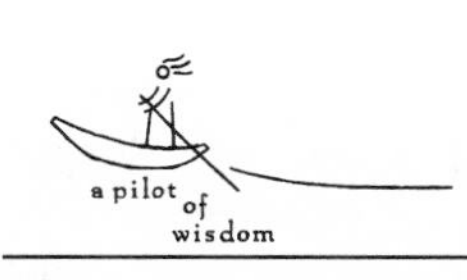

a pilot of wisdom